持久定妆文绣全指导

CHIJIUDINGZHUANG WENXIUQUANZHIDAO

（第2版）

编审委员会

主　任：董元明

副主任：江　泊

委　员：周秋萍　王　勍　殷秋华　杨青霞　吴秀华

编审人员

主　编：刘利明

副主编：黄晓明　王柳柳　肖　军　陈蔚然　孙林林

编　者：徐　卿　刘　芬　阚熠哲　陈　佳　李文广
　　　　邢　佳　包文君　杨　惠　黄少卿　古　桦

中国劳动社会保障出版社

图书在版编目（CIP）数据

持久定妆文绣全指导 / 刘利明主编. —2 版. —北京：中国劳动社会保障出版社，2016

ISBN 978-7-5167-2886-4

Ⅰ. ①持… Ⅱ. ①刘… Ⅲ. ①文身－美容－基本知识 Ⅳ. ①TS974.16

中国版本图书馆 CIP 数据核字（2016）第 297761 号

中国劳动社会保障出版社出版发行

（北京市惠新东街 1 号　邮政编码：100029）

*

北京市艺辉印刷有限公司印刷装订　新华书店经销

787 毫米 ×1092 毫米　16 开本　1 插页　12 印张　168 千字

2016年 12月第 2版　2018 年 5 月第 3 次印刷

定价：99.00 元

读者服务部电话：（010）64929211/64921644/84626437

营销部电话：（010）64961894

出版社网址：http://www.class.com.cn

序一

CHIJIUDINGZHUANG
WENXIUQUANZHIDAO

董元明

上海美发美容行业协会会长

持久定妆用“风靡世界”的事实证明了美丽事业如日中天的地位，也以其火爆之势为经济社会发展做出了有目共睹的贡献。

《持久定妆文绣全指导》的出版，记录了“文饰”行业颠覆性的变化，见证了持久定妆给形象设计注入新的内涵。当代审美依据在思维理念、创新与发展、人文精神与技术研究成果上有着重大的变革和突破，人文理念成为“文饰”行业科学、艺术的先导。持久定妆注重以人为本，理性思维带动研发与技术的不断提升，推动了“文饰”技术不断向前迈进，使形象美的价值与社会认同得到了更进一步的实现，也使持久定妆在美丽行业取得了空前的优势地位。作为一种新型的风尚，持久定妆将文饰工作者的审美理想转化为在现实生活中的实用价值，开创了探寻人文精神、技术与艺术协调发展的新思路。

技术和经验是可靠的知识源泉，也是美业人坚信的理念。文饰工作者以求实的工匠精神、创新的思维信念，用科学技术手段重视美学教育，强调绘画基本功，将审美与艺术相交织，熔审美与艺术为一炉，为未来美业之路打下更坚实的基础。文饰事业方兴未艾、蓬勃发展之势让我们有理由相信，明天会更好！

《持久定妆文绣全指导》的出版，预示着行业职业标准规范统一，也对从业工作者的职业技能及个人修养等方面提出了更高要求。愿《持久定妆文绣全指导》能更好地帮助每一个求知若渴的美业人。

序二

CHIJIUDINGZHUANG
WENXIUQUANZHIDAO

中国的文饰行业从 20 世纪 80 年代中期以来，已经保持了 20 多年的高速发展。从以产品为核心到以技术为根本，直至今天紧追时尚的脉搏，为消费者带来最便捷的定妆服务。文饰，以其独特的魅力影响着一代又一代中国女人的美丽，而今已逐渐渗透到男性的时尚生活中。

每一丝眉毛,每一片娇唇,每一根眼线，都凝聚了文饰师对技术的追求和对美丽的领悟。文饰这个行当，亦技法亦艺术，就看每个文饰师是如何修炼自身，升华生命。

中国是古老东方文化的缔造者，浓郁的东方文化如何在当代时尚潮流下昂首迈向世界，正是我们这一辈奋斗的使命与荣耀。《持久定妆文绣全指导》的出版是令人欣喜的，这意味着有越来越多的人关注文饰这门技艺，有越来越多的人重新审视文饰作为持久定妆带给这个世界的贡献。

文，是技，是艺，也是德。艺回道归，技行天下。最后用一句来自中国文饰人的口号：“文饰看世界，世界看中国！”祝愿中国的“文”艺越来越有味道，中国的持久定妆持续保持世界一流的高度。

施　威

世界著名眉唇造型艺术设计大师

中国“灵性眉唇艺术创始人”

商界名流的面容美学指导师

国资委专业美学讲师

新浪网女性专家

腾讯网女性频道心灵专家

YOKA 时尚女性专家

序三

CHIJIUDINGZHUANG
WENXIUQUANZHIDAO

毛戈平
中国美容最具影响力人

《持久定妆文绣全指导》以专业视角，融合了人文艺术的思想，以文绣不同时期的发展进程为主线，展现了这项技艺的特点和演变规律。同时，从美学、文化层面给行业的发展带来了启示。

本书强调了持久定妆在当下文化背景下的发展趋势，对从业者的职业标准和修养提出了更高的要求。他们不仅要遵循行业规范，具备扎实的专业技术，更要有正确的价值观，不断提高审美能力，从而升华这项技艺的内涵，使它更符合现代人的审美和需求。

文饰在中国，自石器时代就已存在，历史悠久。随着时代的发展和不断进步，今天的持久定妆在文绣的基础上，融合了形象设计、绘画、高科技技术等综合艺术，色泽更加均匀自然，线条更加生动流畅，体现了艺术与技术之间的紧密联系。

本书图文并茂，文字清晰简练，既突出了专业操作流程的规范性，又强调了实际操作中的技术要领。由于融合了形象设计研究、绘画艺术、人文精神、教学指导等方面的综合知识，本书具有欣赏、学习、研究的多重功能，可作为持久定妆从业者的参考书及指导教材。

序四

黄晓明
中国风·水雾眉创始人
文绣理念创新大师
墨非品牌创始人
中国美发美容协会持久美妆专业委员会副主任

持久定妆源于中国古老的点刺艺术，依附于文化历史、宗教信仰、伦理道德、民俗和地理环境而存在。无论是宗教图腾还是装饰纹样，文绣都是人对生命、对自然的认知和感悟，而这些单纯的审美观念，塑造了自由达观的艺术形式。随着时代的发展，爱美人士对“颜值”的要求越来越高，逐渐接受了文绣的表现形式，眉、眼、唇的持久定妆也成为了一种社会艺术品，广大文绣师也被大众视为艺术家，作品更通透、柔和，更接近自然妆容的效果。

《持久定妆文绣全指导》是一本诠释持久定妆的百科全书，更是文绣师必备的工具包。持久定妆是对中国传统文化的继承和发扬，也是中国文绣在世界舞台上的华丽展示！

序五

CHIJIUDINGZHUANG
WENXIUQUANZHIDAO

持久定妆是人们在追求美容的过程中自发形成的一门特殊的技艺，并于 20 世纪 80 年代在中国掀起了一股热潮。

随着现代美容事业的不断发展，文绣美容技术已与现代科技、医学技术、容貌美学、艺术创作等融为一体，它集中施术于面部的眉、眼、唇或其他部位以及身体的某些局部部位，从而形成了一种全新的、完整的现代美容技术——文绣美容技术，简称文绣技术。目前这门技术已被越来越多的人青睐，并逐渐从民间转入专业，成为美容行业中一个独特的项目。

《持久定妆文绣全指导》一书涉及文绣美容技术的方方面面，着重介绍了如何成为一名合格的持久定妆师，如何做好持久定妆咨询，如何掌握持久定妆操作技能和流程，以及如何掌握持久定妆美学等多方面内容。该书取材广泛、实用性强，选编了大量的文绣佳作，为想从事持久定妆美容工作的人们，提供一个较为规范的实际操作指导手册，也为规范持久定妆美容行业发挥了积极作用。

姜大英
韩国化妆专家协会名誉会长
韩国 KBS 电视台造型总监
韩国首尔综合艺术大学教授
1988 年汉城奥运会化妆造型总负责人
电影《王的男人》舞美造型总监

目 录

CHIJIUDINGZHUANG
WENXIUQUANZHIDAO

PART ONE

第一单元

持久定妆术基础

持久定妆术的起源与发展 · 持久定妆术与美学

1.1 持久定妆术的起源与发展

1.1.1 持久定妆术的起源

持久定妆术又称“半永久化妆术”，这个名词的出现与“文饰”密不可分，并与“美容”一词相伴相随。

早在石器时代，古人便会利用泥、颜料、油脂或植物汁液等在人的脸部、身体部位画些图文，其目的是为防止狩猎时受侵害、保卫自身、驱赶野兽等。

随着原始工具的改良，古人开始把动物骨头及鱼刺等当成工具，蘸上天然丰富的植物汁液或矿石颜料刺入皮肤，绘制成图案。这就形成了古人文饰术，也是文饰最原始的方法。

随着经济的发展，文身也逐渐从人们难以接受到被理解与欣赏。而西方文饰艺术的不断涌入，更是刺激着国人的文饰艺术发展，让古老的文饰艺术逐渐完善，产生了一批最早的文饰人才，为文饰事业发展壮大及真正全面发展打下了坚实的基础。

1.1.2 持久定妆术的发展

持久定妆术的发展，大致可分为几个阶段。

1. 文眉

20 世纪 70 年代末至 80 年代初，经由台湾、香港掀起了一股“文眉”风潮，可以说是“文眉”技术的真正诞生。由港台专家研发，利用文身技术的原理及方式，把文身针绑在筷子上，再用针蘸上色料，根据眉毛的缺陷和不足进行修饰与弥补。当时依靠这种简单的方法，解决了爱美人士每天画眉而又不能持久的困扰。

20 世纪 80 年代中期，随着科学技术的进步与发展，文绣机出现并得以推广，借助这一仪器，使一直以手工为主的文眉得以持久上色并更加稳定、快捷、安全，掀起了文绣的热潮。文眉、文眼线、文唇（三文）迅速在国内普及并成为一种时尚。

2. 绣眉

20 世纪 90 年代后，文眉技术有了进一步发展，创造出了仿真感线条状的绣眉技术。这项技术是在文眉笔上装上排针，根据皮肤厚薄，刺入皮肤并控制深度在表皮与真皮间。文饰师根据顾客皮肤的实际情况判断分析后，掌握进针深浅，以不出血为原则。

绣眉为今后的文饰发展奠定了重要基础。

3. 飘眉

2008 年前后又吹起一股“飘眉”风，即通过材料的运用及文饰仿真手法在技术上的更新，巧妙地运用线与面的融合，利用液态色料渗透在皮肤的表皮，用膏体状色料表现线条，达到双层上色的效果。飘眉运用的是带有划行的飘线感，用色及材料的优化组合，具有细致的真实感，生动柔美，为文饰行业奏响了新的乐章。

4. 持久定妆术

当下，持久定妆术沿袭了文饰技术，成为当今风靡的半永久化妆术。持久定妆术也称“雾眉”“根状眉”“眼线”“美瞳线”“文唇”“水晶唇”等，为爱美人士文出精致的眉、神采奕奕的眼、性感丰满的唇来定格美丽，让美丽更加持久。

持久定妆术是一种要求极高的技术，是介于整形美容和日常化妆的技能。持久定妆术后，人的眉毛、眼线、唇形等就能保持几个月到两三年之久。

持久定妆术与传统文眉、文眼线、文唇相比，其色料、上色原理、手法都有不同。它要求操作者具有较高的专业素养和审美眼光，只有具备了综合专业能力，才能成为一名合格的持久定妆从业者。

1.2 持久定妆术与美学

1.2.1 持久定妆术美学原理

何谓美，“美”是一切真善美在人们直觉中高度集合的反应。而美的形式是一种特定内容的外在表现，在美学上称为“形式美”。持久定妆术美学原理是根据人们的审美要求与实际的应用理论精髓，做出符合人物形象要求的眉、眼、唇的独特个人形象。我们可以从形式美的几个方面并结合眉、眼、唇来理解。

1. 统一与变化

统一与变化的美学原理就是把由点、线、面三维虚与实具有的空间感、颜色以及质感巧妙地结合起来，形成一个整体画面。

（1）统一。运用在持久定妆术中，如图所示，走势点、线有内在关系、共同点或共有特性。

（2）变化。变化是寻找各部位之间的差异与区别，眉毛肯定是有变化的，如眉毛深浅变化和眉毛虚实变化。

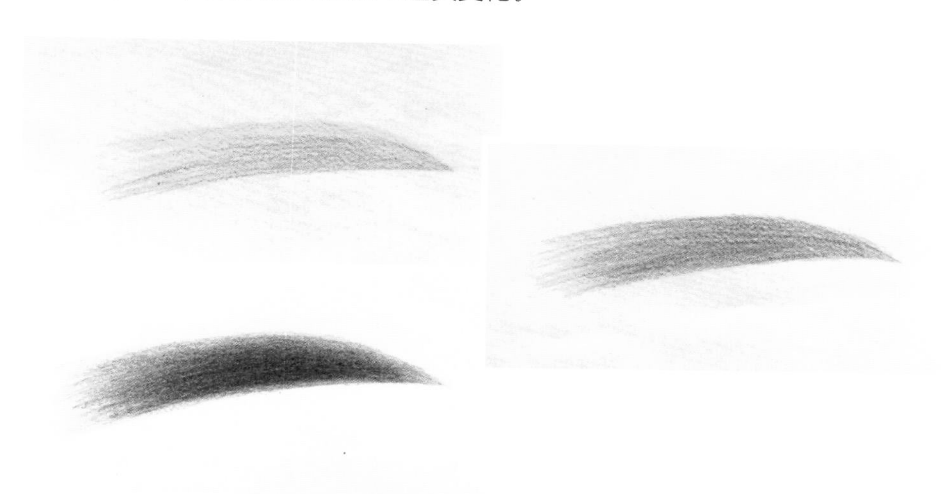

眉头、眉峰、眉尾都是有差异的，如果没有变化则会显得呆板、单调，没有生命力。而如果没有统一性，就会显得杂乱无序、不协调。所以说眉的造型要完美的话，一定注意既在整体上协调统一，又有规律的变化和独有的个性。

2. 对称与平衡

（1）对称。人的面部五官中，眉、眼、耳是基本对称的，对称是衡量五官美感的基本要素，符合人们的视觉习惯。

（2）平衡。眉、眼、唇在脸上就如支点，体现出秩序和均衡的美感。

3. 比例与尺度

（1）比例。比例在造型艺术中指对象各部分之间的关系。眉、眼、唇的设计也是表现整体与局部、局部与局部之间的比例关系。在眉、眼、唇设计中，需要矫正、修饰比例与尺度之间的关系，使整体和谐统一。

（2）尺度。尺度是对象的整体与局部对某一固定物相对的比例关系，因此比例与尺度应相互依存，结合在一起加以考虑，不能截然分开。

4. 对比与协调

（1）对比。对比在持久定妆中至关重要。对比是为了强调两眉之间的关系是否有差异，是否不对称，或高低、左右、长短、浓淡、疏密等。在为顾客设计眉、眼、唇时，一定要反复比较，最终确定符合顾客脸形的眉、眼、唇设计方案。

（2）协调。协调是在反复比较中缩小差异，强调相互的内在关系，借助相互间的共性关系得以和谐。协调给人柔和、和谐的感觉，协调包括形的协调和色的协调。“形”的协调，如眉形设计中，根状眉的方向感，各部位的线条、数量、粗细、深浅、长短等。“色”的协调是色相、纯度、明度以及色泽的均匀是否有一致性。

1.2.2 持久定妆术与美学的关系

1. 三庭五眼

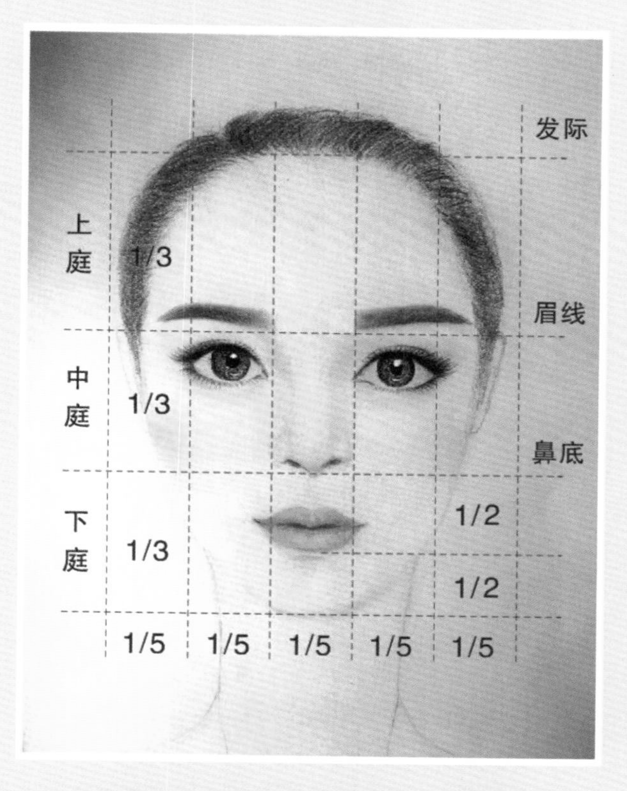

三庭是指脸的长度（从头部发际线到下颌的距离）三等分，即从发际到眉、眉到鼻底、鼻底到下颌各称一庭，共三庭。

五眼是双耳间正面投影的距离五等分，耳尖至外眼角、双眼、内眼角之间距离，各为一眼，称为五眼。

2. 圆周均衡比

根据达芬奇的黄金分割法则，微笑时，嘴角线条按圆圈的弧度向上延伸，会触碰到眼角。如额头显露出来，或另需设计发际线位置，头部的线条则是另一个圆圈的弧线，而这个圆圈的直径为第一个的 1.5 倍。文饰师在设计唇形或眼线时，都可套用圆周均衡法，来调整五官的最佳视觉美感。例如，眼线、唇角不超过圆周外。

PART TWO

第二单元

持久定妆术操作基础

持久定妆术与从业者的基本素养 · 持久定妆术的上色 · 持久定妆的手法和文饰机的使用
持久定妆术的注意事项 · 文饰师操作工具

2.1 持久定妆术与从业者的基本素养

持久定妆术不是一针一刺的简单操作，而具有一定的复杂性和技巧性，要求从业者具有良好的形象以及职业道德。

2.1.1 外在美

1. 仪表美

仪表指一个人的容貌、形体、风度、气质等。如果文饰师在形象上有明显缺陷，或者不修边幅，缺乏一个美业者应具备的职业形象，将会给顾客心理上造成不良影响，容易让顾客缺乏安全感和信任感。因此，要求文饰师服装整洁合体，装束朴素大方，能在一定程度上体现文饰师的精神面貌、文化修养，给人踏实、可靠的感觉。

2. 举止美

举止美是一个人精神内涵的自然外化。判断一个人的形象，往往最先从其举止开始，随着交往的增加，认识才得到逐步深化。文饰师是对美进行维护和创造，举止应端庄、文明、有礼貌，给人亲切、自然的感觉。

3. 语言美

语言是人类交流的工具，是意识的物质外壳。文饰师的语言美着重体现在以下几个方面。

（1）准确。准确是以真实性作为基础，表现为概念明确，判断恰当，推理合乎逻辑。

（2）简洁。简洁是指说话不重复、不啰嗦，用简明扼要的语言表达清楚，这也是文饰师应具有的素养。

（3）感情丰富。感情丰富的语言，对倾听者来说是一种美的享受。

（4）幽默。幽默是语言艺术，有助于调节气氛，便于更愉快地沟通。

2.1.2 内在美

1. 一丝不苟的工作态度

持久定妆不是可以随时轻松卸除的日常妆容，精力稍不集中或稍有马虎就会影响质量和美观，所以严谨的工作态度是前提。

2. 精湛的专业技能以及专业的审美眼光

精湛的专业技能以及专业的审美眼光是持久定妆术的根本。精湛的技艺来源于基本功的训练，有扎实的基本功才能得心应手地运用。

3. 亲切温和的态度

由于持久定妆术的特殊性，或多或少会使顾客产生紧张和矛盾的心理，文饰师亲切温和的态度是给予顾客最佳的镇静剂，能给人安抚感。

文饰师应熟练掌握专业理论及实操技能。持久定妆术是艺术和科学的融合，体现出高超的技巧。文饰师需不懈地努力，逐级攀登，以期达到“金字塔尖”，成为一名专业知识渊博、技术精湛的持久定妆“大师”。

2.2 持久定妆术的上色

持久定妆术的色料选择应慎重，选择的色料应该具有浓度适中、色调纯正、性能稳定、手感细腻、无毒无菌、渗透力强、不变色、不脱色、不扩散、上色快、无排异现象等特点，持久定妆后效果自然真实。

2.2.1 着色

表皮是一层透明或半透明的组织，表皮细胞的生命周期约为28天，在皮肤中，表皮是留不住色料的。任何外来色素都不可能长时间存在于表皮，如果把色料定妆在表皮，掉色就在所难免。所以持久定妆操作时，最佳深度为表皮与真皮之间。

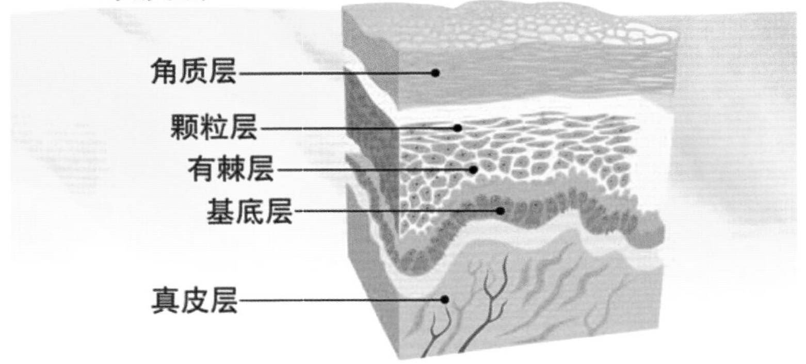

2.2.2 留色

持久定妆术中，后期的留色问题主要包括掉色、褪色和晕色。

1. 掉色

结痂太厚是掉色的一个表象，它往往是皮肤损伤严重的直接结果。定妆时下针过深和次数过多都会造成严重的皮损。这时人体会尽力来修复这些被损坏的组织，用新生成的细胞来替代受损的部分。而新生成的组织是不带色素的，带色的部分已结成了痂，最后脱离人体。脱了痂的部位严重的起了疤（增生），轻微的出现了白斑，呈现的色彩是朦朦的，看上去很旧，不清新。事实上，皮肤损伤越严重，结痂越厚，掉色也越厉害。所以持久定妆操作时，一定要控制好进针的深度在表皮与真皮之间，勤蘸色料，尽可能不要产生无效文刺，减少皮损。

2. 褪色

褪色是指色料在皮肤上随着时间流逝而缓慢地消失，它的发生过程比掉色要慢很多，逐渐褪色在持久定妆里属于正常现象。人体是有排异功能的，人体内有一种细胞叫吞噬细胞，只要是能够“吞得下”的异物，通过吞噬、运走，直至排出体外，对外来的色料也不例外。褪色过程的快慢因人而异，也与所用色料的颗粒大小和质量有关。

3. 晕色

持久定妆时，下针的深浅直接决定了后期的留色效果。刺得太深，色素不但会因结痂产生掉色，还会被体液冲散产生晕色，造成局部皮肤文刺的颜色向四周扩散、漾开，脱离了原来的形状。只有刺入表皮与真皮之间、深浅合适的部位，才能得到清晰而持久的线条，而这个合适的深浅度是因人而异的，文饰深度是文饰师最需要攻克的一道难关。

2.2.3 持久定妆术不上色的原因及解决方法

1. 油性皮肤

油性肤质的人持久定妆脱痂后不上色，主要是因为皮肤油脂分泌过多，导致色素不能均匀分布。一般针对这种油性皮肤，可在文饰的过程中提高机器的密度，下针的时候比普通皮肤稍深，这样就不易出现定妆不上色的情况。

2. 边操作边擦

如果边文边擦，色料没有在皮肤上停留 30 秒以上，皮肤还没有吸收，染料就被擦拭干净，导致定妆不上色。

3. 色料浓度掌握不够

在文饰中，色料被调试得过浓或者过稀，都会造成定妆不上色的情况发生。色料不要被稀释（色料本身与组织液的混合），所以在文饰中需时刻用半干棉片擦拭多余色料与组织液，保持皮肤的干燥。

4. 外敷稳定剂时间不够

文饰外敷稳定剂时间一般在 20 分钟左右，如果时间不够则易导致定妆后不上色，因为皮肤感知到疼痛的时候，毛细血管就会收缩，从而导致定妆脱痂后不上色的情况出现。

5. 文饰机的使用不规范

操作中需把针尖调试到最适合的外露长度，文饰深度过浅或针尖不锋利，没有刺入真皮的乳头层浅表，色彩随着表皮的不断生长而脱落。

尽可能减少往返，这样有助于一遍过色；反之，则易引起皮肤受创过大，结痂过厚，若引起水肿现象，不易二次上色。

2.2.4 色料的选择

1. 液体色料和膏体色料的区别

液体色料的特点是颗粒小，遮盖力一般，溶解于水，相对不稳定，定妆后维持的时间较短，由于液体色料溶于水，所以文唇时上色快，脱痂后颜色也均匀。膏体色料的特点是颗粒大，遮盖力强，不溶解于水，比较稳定，定妆后维持的时间较长。

2. 识别劣质色料

劣质色料颜色不纯正，含乙醇多，易挥发变干，有刺鼻异味，涂抹在皮肤上不易清洗。

3. 水溶性色料和非水溶性色料的区别

（1）水溶性色料多属于液体色料，特点如下：

1）没有沉淀物。

2）涂在纸上晾干后呈现荧光。

3）溶解于水，将一滴色料滴入一杯水中，整杯水马上变为色料的颜色。

4）将色料涂在皮肤上不易清洗。

（2）非水溶性色料多属于膏体色料，特点如下：

1）涂在纸上晾干后呈粉末状。

2）不溶解于水，将一滴色料滴入一杯水中，色料会沉入水底，即使散开以后也会出现逐渐沉淀的现象。

3）色料涂抹在皮肤上容易清洗。

4. 常见的文绣色料

（1）眉毛色料：为深棕色系列和灰色系列，根据顾客的发色、肤色来决定，选择某一系列中的一种或两种以上颜色，进行调配后使用。

1）深棕色：颜色自然逼真，深受文饰师和顾客的欢迎，主要用于眉毛、发际线，也可与黑色调配用于眼线部位。

2）啡色：分浅咖啡色和深咖啡色，主要用于文饰眉毛，特别适用于肤色较白、头发偏黄的顾客。

3）自然灰色：适用于文饰眉毛或文饰眉毛后的补色。

（2）眼线色料：常用黑色液体色料。

（3）唇部色料：为红色系列，一般采用两种或两种以上的颜色调配后使用。唇线的颜色略深，全唇的颜色略艳丽、鲜亮。

1）深红：为红中带黑，适用于文饰唇线，也可与其他浅红色系列调配后文饰全唇。

2）玫瑰红：为红中带蓝，与其他红色系颜色调配后，再文饰唇线与全唇。

3）朱红：为红中偏黄，主要用于文饰全唇。

常用的还有桃红、浅红、橙红、胭脂红等红色系色料。

（4）修补色料：自然肤色（肉粉色）。此色系列与皮肤颜色接近，用于遮盖文饰后不理想的部位。

文饰色料的品牌很多，由于厂家不同，品牌不同，造成颜色不一。换而言之，同样一种颜色，如桃红，由于品牌不同，故桃红色也会有差异。这主要依靠文饰师根据当时所持的颜色情况调配，达到最佳的文饰色彩效果。

文饰色料使用前应用力摇匀，利于均匀着色。如色料太过黏稠，可用适量稀释液调配。

附：持久定妆中常用的专业术语

持久定妆技术中常用的专业术语，在实操及培训过程中，这些概念是不能混淆的，尤其是对初学者。

眉色	顾客自身眉毛的颜色。
文色	文饰师在顾客的局部皮肤上，用色料文饰出的颜色。
着色	着色也称“上色”，俗称“吃色”，是指顾客皮肤某一部位，在文饰后上色的状态。
填色	填色是指顾客皮肤某一部位，已有了文饰后的固定形状或轮廓，在此基础上，把中间的空白填上所需的颜色。
浮色	局部皮肤经文饰后，一部分色料已刺入皮下，另一部分则浮在皮肤表面上，称为“浮色”。通常在定妆操作完毕时，把留在皮肤表面上的浮色擦拭干净，便于观察。
脱色	脱色也称“掉色”，是指顾客皮肤某一部位，在文饰上色后，经过一段时间，原来的文色脱掉了，颜色变浅。
反色	全唇或眉毛经文饰后，经过7~10天的脱痂脱皮、掉色，到一个月左右血液循环重新建立，使定妆后的全唇或眉毛色泽重新恢复，即反映出的颜色比原来明显。
底色	局部皮肤经文饰后，最先着色的部分称为“底色”。
补色	补色也称“加色”或“复色”，是指在原定妆色的基础上，再施补文，即加深、加宽、加长，补救原来的不足。

盖色	用与定妆颜色不同的颜色，在原有的部位进行文饰，盖住现存的颜色。
遮色	用接近肤色的色料进行文饰，遮住并消除原来文饰不理想的部分，使其与自身肤色尽量达到一致。
配色	用两种或两种以上的颜色调配出理想的颜色，再进行文饰。
套色	皮肤某一部位，第一遍文饰了一种色料，而后第二遍又文饰了一种色料，分层次上色。
晕色	晕色也称“洇色”，是指由于文饰师文饰皮肤过深，造成局部皮肤文饰的颜色向四周扩散、漾开，脱离了原来的形状。
变色	皮肤某一部位文饰后，经过一段时间后，现在的颜色与当时文饰的颜色不一样。
轻文	文饰师在文饰皮肤时，手法轻，文色也相应浅。
重文	文饰师在文饰皮肤时，手法重，文色也相应深。
起角	起角也称“挑角”，在文饰上眼线时，外眦角部分逐渐加宽、上挑，形成夹角，即上睑睫毛尾端投影的形状。

2.3 持久定妆的手法和文饰机的使用

2.3.1 持久定妆的手法

持久定妆技术的手法，也称文饰手法，是指文饰师在操作时的手法技巧、手法特点以及我们常说的“手感”（手感是文饰师的手对定妆工具接触皮肤后感觉到的震动程度以及刺入皮肤中的深浅程度的感知）。常用的手法见表 2-1。

表 2-1　　　　　　持久定妆的手法

手法名称	手法走势	手法特点	适用范围
点刺法（手针针法）		采用手工笔与针片，针尖与皮肤呈 90°，其速度较慢，掌握不好易深浅不一，着色速度慢	适用于小面积的文饰，如唇部胡须的缺损以及文鬓角、美人痣等
点刮法（散状针法）		①采用手工笔与针片，其针尖与皮肤呈 45°，操作时，快速刺入，快速点刮提起 ②若使用文饰机操作，即为点刮手法	适用于眉头、发际线、鬓角以及因疤痕造成不易上色的部位
连续交叉法（梳理针法）		文饰的线路呈斜倒状的“M”或“W”形，其形状相互交叉，连续不断	适用于眉毛、全唇，为常用文饰手法之一

续表

手法名称	手法走势	手法特点	适用范围
连续点状法（草动针法）		文刺手法快速漂浮，线路是由无数小点组成的	适用于原眉基础较差、眉毛稀少色淡者，为常用文饰手法之一
线条续段法（竹节针法）		文饰手法实、稳、准，文刺出的线段连接成长线条	适用于眼线、唇线、文身等，为常用文饰手法之一
线条质感法（麦穗针法）		文饰刺线路有一定的方向性，为上斜线线形，下斜线形线或与原眉生长方向一致	适用于文眉或仿真立体文眉，为常用文饰手法之一
旋转法（画圆针法）		其手法为在局部打圈，线路呈一连串的圈状。圈大文刺颜色则浅，圈小文刺颜色则深。手动速度快，则颜色浅;手动速度慢，则颜色深	适用于文全唇、文身等大面积部位的填空

持久定妆的手法很多，最基本的特点是在平面的局部皮肤上，用针尖或针片操作出点状，用密集的小点组成线状，用疏密的线条组成片状。文饰师在定妆手法中应注意线条疏密排序，刺入深浅以及针的移动速度把控非常重要。

2.3.2 文饰机的使用

文饰机是文饰师的主要工具，品质的优劣很关键，不能被花哨的包装、技术误导的广告词而迷惑，品质选择必须从以下几方面着手。

1. 文饰机运转产生的噪声

文饰机如果产生很大的噪声，将使文饰师及顾客产生不安心理，尤其是顾客，会产生恐惧，造成精神紧张，皮肤紧缩，导致色料不易上色。所以噪声大小是选择文饰机的关键，一般情况下，运转的文饰机距离顾客 1 米左右，以顾客不感觉噪声为原则。

2. 文饰机的运转

文饰机的转速关系着顾客疼痛的感觉，转速越快，疼痛感越小，现在市面上普遍流行 3~5 档，而最新研制的新一代文饰机可无限调速，顾客几乎感觉不到疼痛。测试时，将文饰机上针启动，在硬纸上来回划针，密集的响声为转速快，否则比较慢。

3. 针压稳定及安全针压

文饰机是否针压稳定，一般采用目测法，运转的文饰机针尖必须成一直线，出针长度保持稳定，不能有忽长忽短的感觉。如果针尖运转成扇形，说明针压不稳定。安全针压是指能控制针尖刺入皮肤到一定的深度，防止文饰师使用不当将针尖过深刺入皮肤。

4. 机身设计

为了便于文饰师灵活使用，文饰机机身设计很重要，设计必须精细，转动灵巧没有阻力，重心应稳定在中央位置。市面上流行的设计多数采用直式笔形设计，可 360° 调整，文饰师长时间使用也轻松自如，没有疲劳感。

5. 使用寿命

文饰机的噪声大小、转速是否稳定、是否有防止色料回流的装置等都会影响文饰机的寿命长短。

6. 文饰机的消毒与保养

（1）严格执行一人一针、一杯一帽制度。

（2）操作结束后，将电源开关置于关闭位置，并切断电源。

（3）使用后，针及针帽均要丢弃，文饰机的机身在使用后应擦拭干净。

（4）文饰机不宜与化学腐蚀剂接触，也不适宜高温环境下运作。

（5）文饰机持续使用时间不宜过长，避免机器过热，造成电机损坏。

（6）电源连接线如有缠绕现象，避免用力折。

（7）使用中若出现声音异常、机身抖动、开启变速失灵、滞针等情况时，应停止使用，请专业人员检测修理。

（8）新机器在使用前，可空转 20~30 分钟。

（9）文饰练习初期，可在猪皮、白萝卜、香蕉上进行练习。

2.4 持久定妆术的注意事项

在持久定妆术中，无菌与消毒是非常重要的。若不注意，可能会发生顾客皮肤局部红、肿、痛、热，甚至更为严重，这必然给顾客的身体和心灵造成痛苦。作为一名合格的文饰师，应该具备严格的消毒与卫生观念。

2.4.1 持久定妆操作器具的消毒

所有接触到顾客皮肤的器具都要进行消毒处理，持久定妆工具应保证一人一针，采用一次性的消毒灭菌用品，防止交叉感染。

2.4.2 操作环境的洁净与卫生

保持操作环境的洁净与卫生，保持空气流通，定期进行无菌消毒处理。

2.4.3 顾客皮肤的清洁

人的皮肤上都存在有一定的细菌，如果未能将皮肤消毒或是对已感染的皮肤部位进行持久定妆，就可能造成感染。所以操作前，要为顾客清洁皮肤，对需操作的部位进行消毒。

2.4.4 文饰师的无菌操作

文饰师应对双手进行清洁，然后戴上一客一换的无菌手套，并保持至持久定妆操作全部完成。

2.4.5 持久定妆禁忌人群

女性三期（生理期、孕期、哺乳期）、高血压、心脏病、糖尿病、皮肤病、性病、严重传染病、皮肤严重过敏、瘢痕体质、疱疹、炎症等人群不适合持久定妆。

2.5 文饰师操作工具

2.5.1 基本工具

文饰师在操作中用到的基本工具见表 2-2。

表 2-2　　　　　　　　　基本工具

工具名称	用途
工具箱	用来合理归纳持久定妆中的所有工具
手持镜子	用来在设计、持久定妆操作时，让顾客随时观察自己的脸部
医用脱脂棉、棉签	用来在持久定妆中擦拭多余的色料，清洁顾客脸部、眼部色料
生理盐水	用来在持久定妆操作前后的清洁抗菌

续表

工具名称	用途
75% 浓度酒精	用来消毒文饰师双手与顾客面部皮肤，也用来擦拭持久定妆使用工具
一次性口罩	文饰师佩戴
一次性医用手套	文饰师佩戴
一次性色料杯	一客一份，放置定妆时所需色料
不锈钢弯盘	用于放置消毒棉片
保鲜膜	用于敷完稳定剂后覆盖在所需定妆部位，使稳定剂发挥最好效果
牙签	用于眉部敷完稳定剂后，轻刮清理眉部的稳定剂而不破坏设计好的眉形
稳定剂	用来缓解顾客在持久定妆中的轻微疼痛感
修复膏	用在持久定妆结束后，帮助定妆部位皮肤恢复

2.5.2 定妆分类工具

眉毛：眉笔、修眉刀、眉梳、手持笔、一次性针片、文饰机及一次性针头、眉部色料等。

眼睛：眼线色料、眼部专用细头棉签、单针、眼药水等。

唇部：唇部色料、唇部去角质啫喱、唇帖（麻帖）、圆五针或排针等。

具体的使用见眉、眼、唇持久定妆操作。

PART THREE

第三单元

眉部持久定妆

持久定妆眉分析与设计·眉部持久定妆的工具·眉部持久定妆的操作·坏眉修改与洗眉

3.1 持久定妆眉分析与设计

精致标准的眉形会让一个人整体面容更具立体感，眉毛经过持久定妆后，即使没有化妆，也能提升整体的气质。

眉部持久定妆即是对眉毛的形状、轮廓等进行人工的修饰，需要根据个人的脸形、三庭五眼、面部黄金比例的情况，以及本身的气质进行分析，设计适合的眉形。

3.1.1 眉毛基础

1. 眉毛的组成

眉毛由眉头、眉峰、眉尾三部分组成，通常“头尾淡、中间浓、上虚下实”。眉毛的生长方向是前 1/3 向上，后 2/3 向下。眉形与眼、鼻、唇的比例关系见表 3-1。

（1）眉头：位于鼻翼外侧与内眼角的延长线上，眉头之间宽度约为一只眼睛的长度。

（2）眉峰：位于鼻翼外侧与瞳孔外侧的延长线上，眉峰是眉毛的最高点，标准位置在眉毛长度的 2/3 处。

（3）眉尾：位于鼻翼外侧与外眼角的延长线上，眉尾要高于眉头。

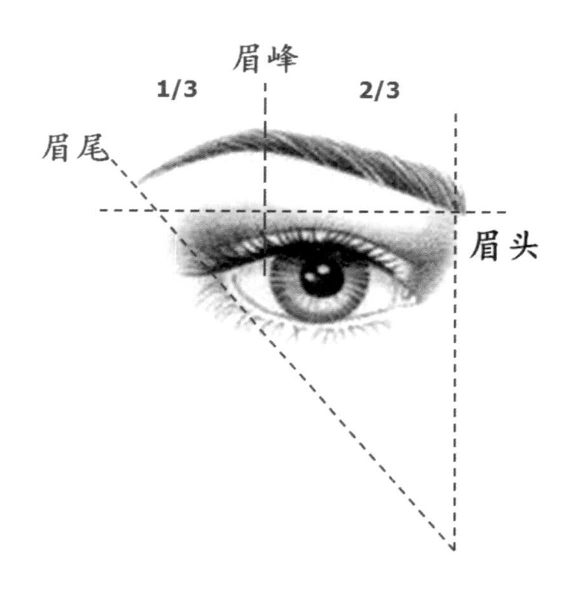

表 3–1　　眉形与眼、鼻、唇的比例关系

	比例关系	图形
三等分	眉头至眉腰 眉腰至眉峰 眉峰至眉尾	

续表

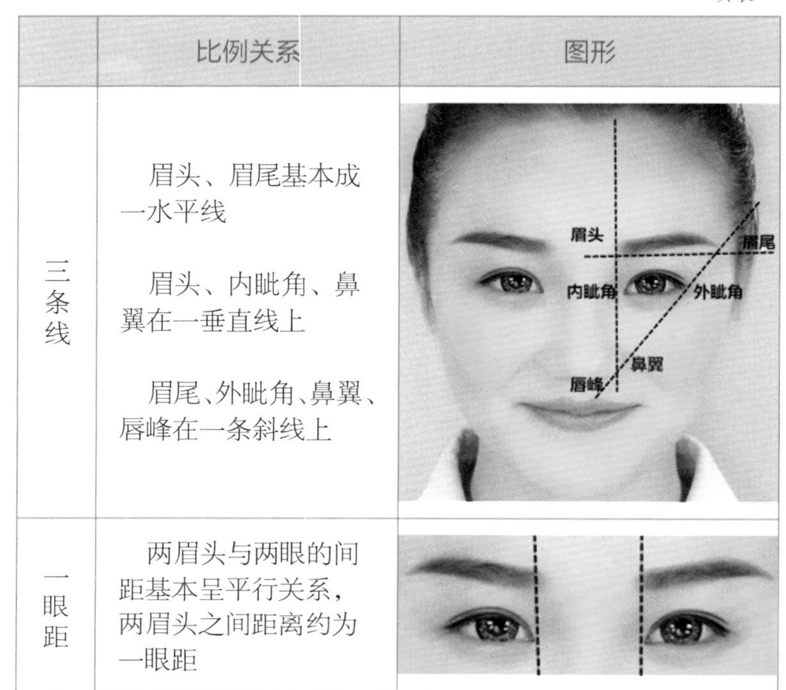

	比例关系	图形
三条线	眉头、眉尾基本成一水平线 眉头、内眦角、鼻翼在一垂直线上 眉尾、外眦角、鼻翼、唇峰在一条斜线上	眉头 眉尾 内眦角 外眦角 鼻翼 唇峰
一眼距	两眉头与两眼的间距基本呈平行关系，两眉头之间距离约为一眼距	

2. 眉毛排列与长势

眉毛属硬质短毛，面部许多表情肌与眉部可以活动的皮肤相联系，所以眉毛可被扯引向上（下）或向中线活动。

眉毛是由一根根短毛，分上、中、下三层交织相互重叠而成。眉头部分色淡而宽阔，眉头的主线条一般为 5~7 根，弧形斜向外上方约呈 45° 生长，线条角度逐渐过渡。眉头由 3~4 层线条组成，每层线条错层排列。

眉腰部眉毛较浓密并且毛长重叠，大体是上列眉毛向下斜行，中列眉毛向后倾斜，下列眉毛向上倾斜生长。

眉尾部分基本一致斜向外下方生长。

由于眉毛的上述长势和排列，使眉头颜色重于眉尾，而眉腰色最深，上下左右较淡。眉的颜色应浓淡相宜，层次有序，富有立体美感。

3. 常见符合大众审美的眉形

自然眉：自然的眉形给人温柔的印象，适合所有脸形。

一字眉：平直、自然，显得年龄小，有缩短脸形的视觉效果。

挑眉：又称“弧形眉”，眉峰在眉毛的 3/5 处，眉峰略高于眉头，显得有精神、妩媚，有拉长脸形的视觉效果。

柳叶眉：眉峰在眉毛的 1/2 处，整个眉毛呈拱形，线条流畅，显得秀气，有女人味。

略粗眉：突出个性的形状，增加活泼感，强调脸部立体感。

舒缓眉：柔和自然的形状呈现出温柔感，易亲近。

男士眉：自然大方，具有阳刚之气。

3.1.2 眉形的设计需求和依据

持久定妆眉的优劣，主要取决于眉形的设计是否优良。

1. 常见眉形

设计眉形是持久定妆眉的关键步骤。不能盲目地模仿别人的眉形，在具体设计过程中，文饰师应尊重顾客的爱好和审美观，根据顾客的要求，结合顾客面部特点、气质设计出较理想的眉形。常见眉形见表 3-2。

表 3-2　　　　常见眉形的效果和特点

名称	效果	特点
标准眉	舒展、大方	以公认美学标准为基础
向心眉	紧张、压抑、严肃	两眉头距离过近
连心眉	有“凶相”的感觉	两眉头连成一体
离心眉	呆滞	两眉头距离过宽，五官布局显得松散
八字眉	滑稽、悲伤	两眉尾下斜，低于眉头，形似“八”字
粗短眉	刚毅、强悍	两眉浓密，粗而短
散乱眉	显得迟钝，精神不振，无俊秀之气	眉毛分布散而无序
残缺眉	眉毛无形，缺乏整体感	眉毛散乱，中间部位缺损较多
有头无尾眉	同“残缺眉”	眉毛散乱，有头无尾

常见需修饰眉形可参见表 3–3。

表 3–3　　常见需修饰眉形的修饰技巧

表现	修饰技巧
眉毛较多 散乱无形	设计眉形，修眉，两侧眉形定位，定妆时手轻、摆度大，边缘可略深、中间淡，便于固定眉形，文色不可超过原有眉毛边缘
眉毛稀疏 色淡	设计眉形，修眉，眉形准确定位，定妆时手轻、摆度小，边缘界线应模糊，眉区部位文色切勿太过密集
断眉 有头无尾	设计眉形，修眉，定妆时头尾衔接自然，眉尾文色应与眉头呼应
眉头稀少 眉毛色淡 眉形断续	设计眉形，修眉，两侧眉头定位，定妆时手轻漂浮，断续边界颜色衔接自然，文色应轻、淡、均匀
眉毛粗硬 直力或下垂者	设计眉形，修眉，剪去下垂部分的眉毛，定妆时眉毛上边缘文色可稍深些，注意平面与立体间的关系
眉毛细软 贴切或散开者	设计眉形，修眉，剪去向上散开的部分，定妆时手轻，上色要浅，文色应尽量与原眉毛融为一体

2. 眉形设计依据

（1）性别与眉形的设计。男性的眉形应粗、直、有棱角，表现男人的粗犷、豪爽及阳刚之气。女性的眉形设计避免生硬感，要表现女性的妩媚、温柔。

（2）年龄与眉形的设计。青年人的眉形应有动感，透出活力。中年人的眉形弧度、长度要适中，表现出稳健。老年人的眉形不要过长，微平较好，体现出老年人的庄重与慈祥。

（3）脸形与眉形的设计。详见 3.1.3。

3.1.3 根据不同的脸形，设计合适的眉形

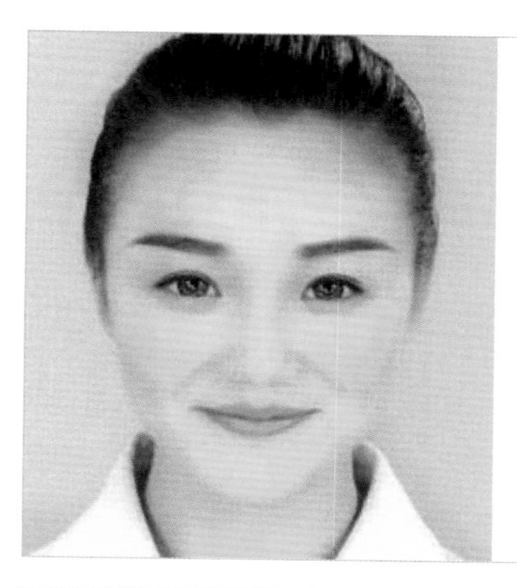

1. 椭圆脸

椭圆脸也称鹅蛋脸，上下呈椭圆形状态，一般被认为是中国女性的标准脸形。

椭圆脸适合标准眉。

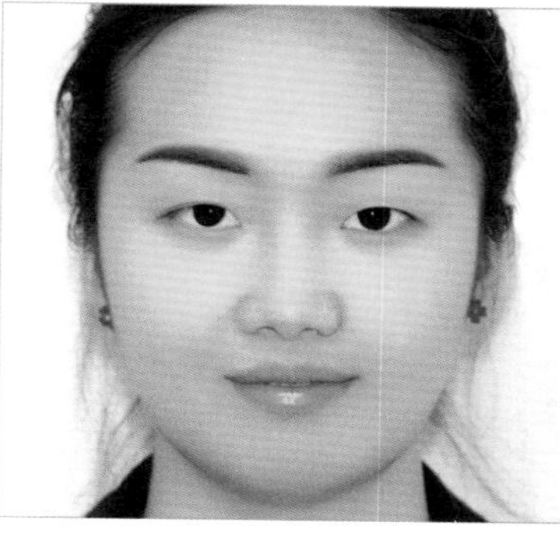

2. 圆形脸

脸的长宽比例接近，通常面部肌肉饱满、侧面弧度偏平，上额角、下颌角较宽，颧骨不明显。

圆形脸适合眉头压低，眉峰上扬，如柔和的挑眉，可以有拉长脸形的视觉效果。

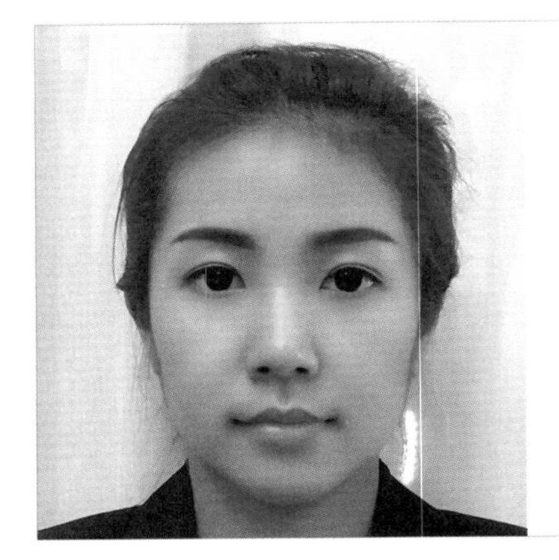

3. 长方形脸

长方形脸脸形较长，额头和腮轮廓方硬，显得年龄大、严肃。

长方形脸适合平、略带弧度的眉形，如一字眉、柳叶眉等，有缩短脸形的视觉效果。

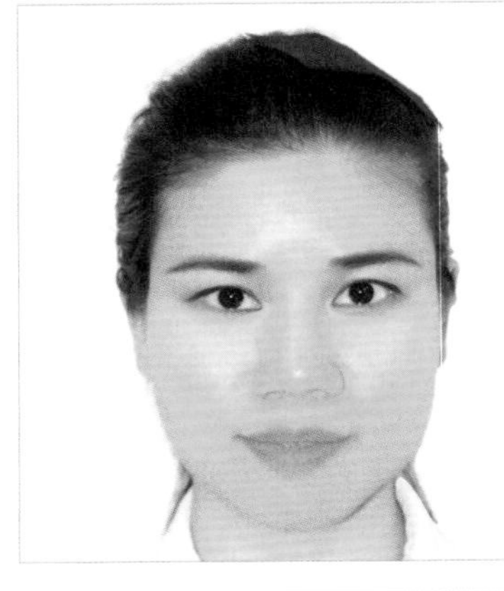

4. 正三角形脸

正三角形脸上窄下宽，脸的下半部分宽而平。

正三角形脸适合眉峰后移，眉毛拉长，如略平的挑眉，有拉宽额头宽度的视觉效果。

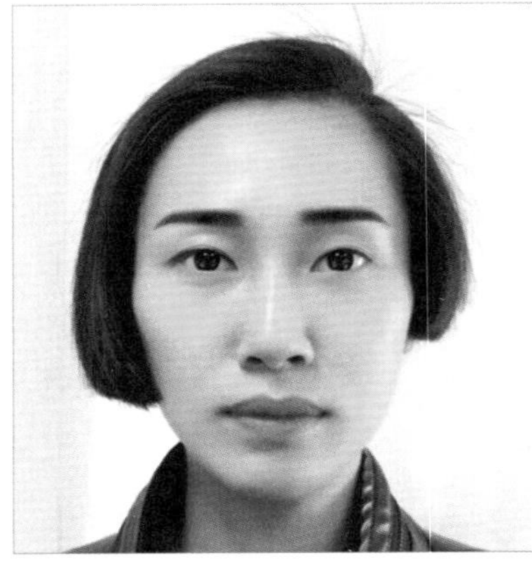

5. 菱形脸

菱形脸也称钻石形脸，额头窄，下巴尖，髋骨高，显得清瘦。

菱形脸适合平直眉，眉峰后移并尽量不突出眉峰，眉尾拉长，如一字眉，有拉宽额头的视觉效果。

6. 倒三角形脸

倒三角形脸上宽下窄，额头宽大，颧骨高，下巴尖。

倒三角形脸适合平、略带弧度的眉形，眉峰不能靠后，眉毛不能拉长，如柔和的挑眉。

眉形与脸部五官配合对照见表 3-4。

表 3-4　　眉形与脸部五官配合对照表

配合眉形	适合的脸形	适合的眼形	适合的鼻形	适合的唇形
眉毛长	腮大	眼间距宽	鼻长	唇角大
眉毛短	腮小	眼间距窄	鼻短	唇角小
眉毛高	脸短	眼球凸	鼻梁高	唇峰高
眉毛低	脸长	眼凹陷	鼻梁低	唇峰低
眉毛粗	脸大	瞳孔颜色深	鼻肥大	唇厚
眉毛细	脸小	瞳孔颜色浅	鼻细小	唇薄
眉毛曲	脸方	眼形硬朗	鼻柔和	唇圆润
眉毛直	脸圆	眼形柔和	鼻硬朗	唇方

以表格第一行（除表头）举例，眉毛与脸形的关系具体如下：

眉毛长短与脸形的关系

腮大眉长，腮小眉短，如果腮大眉短会使腮显得更大，腮小眉长则把腮显得更小。

眉毛长短与眼睛的关系

眼间距宽则眉长，眼间距窄则眉短，如果眼间距宽而眉短，视觉上只凸显眼睛，忽略了眉毛；如果眼间距窄而眉长，则只凸显眉毛，而忽略了眼睛。

眉毛长短与鼻子的关系

鼻长而眉长，鼻短则眉短，如果鼻长眉短，视觉上只凸显鼻子，而忽略了眉毛；如果鼻短眉长，则只凸显眉毛，而忽略了鼻子。

眉毛长短与唇的关系

唇角大眉毛长，唇角小眉毛短，如果唇角大而眉毛短会使唇显得过于肥大而突出，如果唇角小而眉毛长，则凸显了眉毛，显得不协调。

TIPS：持久定妆眉小技巧

在为顾客设计眉形时，应要求顾客坐直，设计完成后再躺下操作。因为平躺时，脸部的肌肉会因地心引力向两边坠，如果躺着设计时眉形对称，站起来有可能出现不对称的情况。

3.1.4 根据个人特点，挑选合适的眉色

1. 文色调配的依据

眉毛的定妆颜色应根据顾客的肤色、发色、年龄来选择，同时还要考虑文眉色料的分类及调配比例。由于文眉的颜色是从皮下反映出来的，同样的色料会因肤色不同而产生不同的效果。文眉色料分为主色与调色两类，常用的主色包括深咖啡色、浅咖啡色、自然灰色。单纯的黑色不能用于文眉，它必须与主色调配使用，即调色。

眉毛色调浓淡除了色料的选择与调配外，还与进针的疏密及深度有关，密度大，色浓；密度小，色淡。注意眉毛的颜色要浅于发色。

2. 根据操作工具选择眉部色料

膏体色料比较黏稠，适合手工针片飘眉、绣眉，因为针与针之间的缝隙可以夹带色料，利于上色。

液体色料比较稀，适合文眉机器操作。

3. 配色的方法

（1）在消毒的色杯中，用牙签将色料按比例调匀。

（2）将牙签上的色料涂抹在湿棉片上。

（3）将棉片对折揉动。

（4）打开棉片，看其颜色是否与顾客肤色、发色协调，并及时添加色料，调配至顾客满意为止。

4. 配色的技巧

完美的眉毛除了需要掌握正确的手法和技巧之外，配色也是塑造眉毛生动、自然的重要环节。眉毛的配色见表 3-5。

表 3-5　　眉毛的配色

颜色	特点	适合人群
浅咖啡色	颜色较浅	适合皮肤较白、头发偏黄的年轻顾客
中咖啡色	比浅咖啡色稍深一点	适合皮肤白、头发偏黄、自体眉毛稀疏的年轻顾客
深咖啡色	颜色深，是眉部最常见的颜色，属于主色系	适用正常肤色、头发偏黑的顾客。可直接使用，如遇油性皮肤，可适当添加黑咖啡色，另加土黄色淡化
黑咖啡色	颜色深，为文眉常用色	适用于根状眉，适合肤色深、油性皮肤或本身眉毛浓密的顾客。如遇混合性皮肤，可适当添加深咖啡色，另加土黄色淡化
灰咖啡色	颜色自然	适合年龄稍大的顾客使用
绿咖啡色	常用于改色	可修改偏红的眉毛，可调配深咖啡色或黑咖啡色改红眉
橙咖啡色	常用于改色	可修改发蓝的眉毛
黑色	眉毛不能单独使用黑色，否则易发蓝	适合肤色较深的顾客，在主色调中起调色作用
肤色	改色、转色	可以修改失败的眉毛，如在操作中出现轻微误差，可用肤色修改
土黄色	辅助色系	用任何颜色操作完毕后，涂抹一层土黄色停留 5~10 分钟，清除后可使眉毛呈现自然的效果
自然灰色	近自然眉色	适合喜欢自然的顾客

常见眉色的不同效果

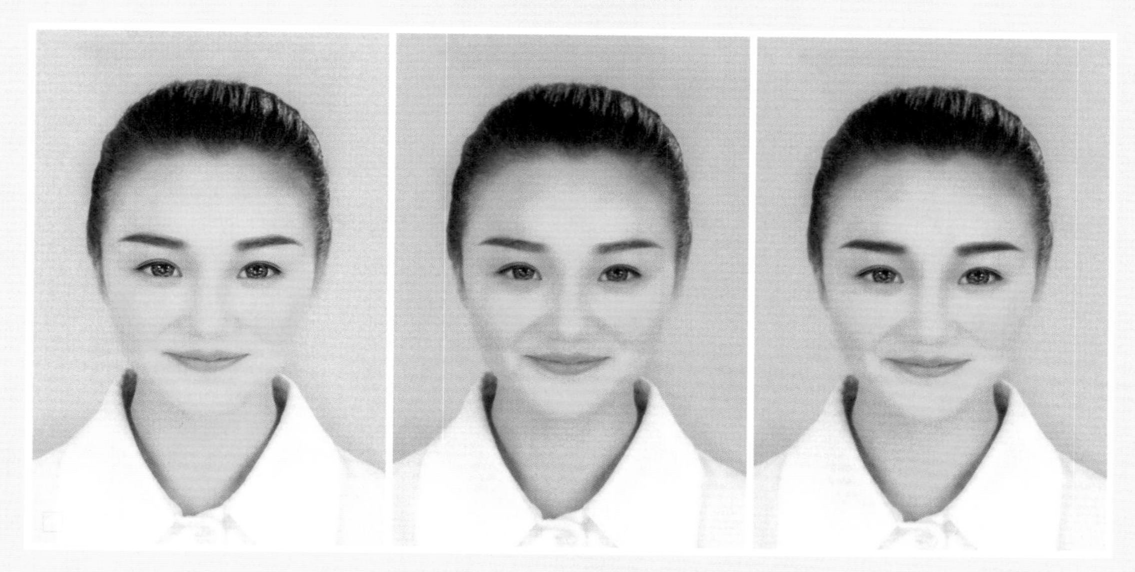

3.2 眉部持久定妆的工具

3.2.1 工具的介绍

1. 文眉机

文眉机的种类较多，分为一体机和分体机。

一体机的特点是针与嘴是一体的外扣式设计，从而省去了插针的麻烦，在机身上通过旋转来调节针的长短，比较简单、易掌握 。

一体文眉机

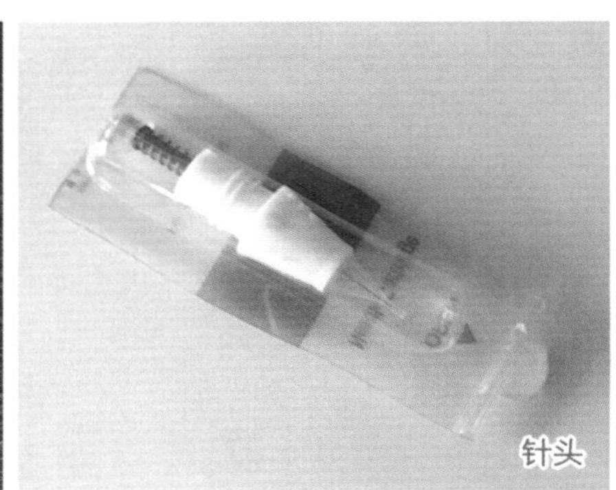
针头

分体机的特点是针与嘴分开安装，需注意以下几点：

第一，单针安装法。检查针尖是否锋利，然后将针尾 5 毫米处微微弯曲后，插进机器底部。

第二，排针安装法。将针尾插至针管底部，将排针嘴头套在排针上旋转至针尖露出，开机，将针尖外露长度调整为 2.2~2.5 毫米，用锁母锁定。

第三，安装针管（嘴头）。将针管装在文眉机上，装好后再次检查针尖是否锋利。

第四，调整针尖外露长度。开机状态下，将针尖调整到外露 2.2~2.5 毫米，用锁母锁定。

第五，醮色料的方法。开机状态将针嘴前端 1 毫米处伸入色料内，在色杯边缘旋转机器，使色料吸入针嘴以便储存。

第六，调试针尖长短。不下色，说明针尖外露过长，不能缩进针嘴内，针尖醮不到色料，需将针嘴下旋 1/4 圈，减少针尖外露的长度。下色过多，说明针尖外露过短，需将针嘴上旋 1/8 圈，增加针尖外露的长度。

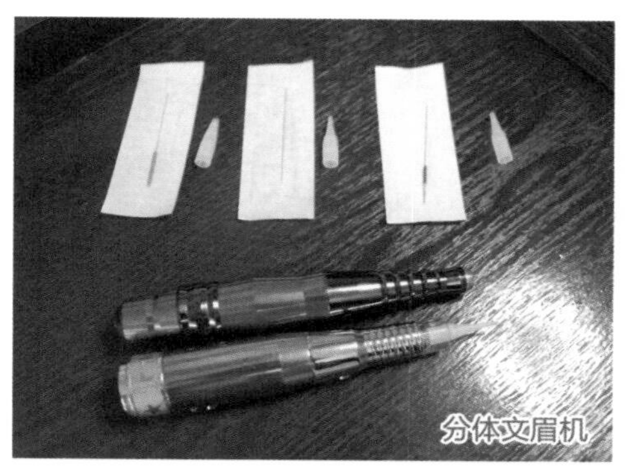

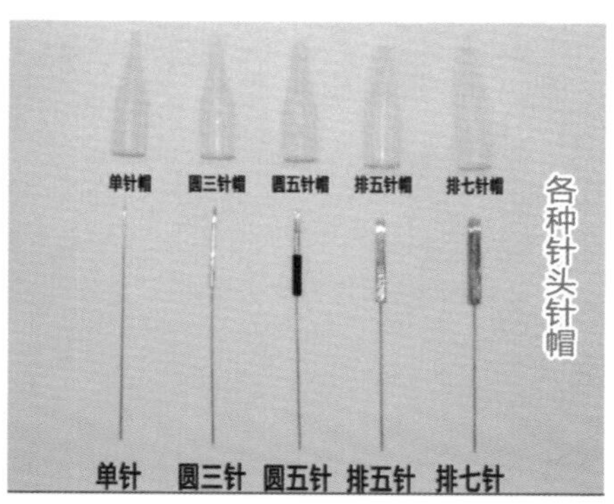

2. 手工飘绣笔

手工飘绣笔是由特制的笔杆与一次性针片组合安装而成的。手工飘绣笔是用来夹紧、固定一次性针片的，市面上的任何一次性针片都可以安装上去，优点是夹针片很紧，操作顺手，可以做出纤细的眉毛。

一次性针片是指持久定妆眉的专业刀片。型号有 7 针、9 针、11 针、13 针、12 针、14 针、16 针、17 针、18 针、圆弧 19 针、双排 17 针、水雾 14 针、圆 3 针、圆 5 针、打雾专用圆针等。

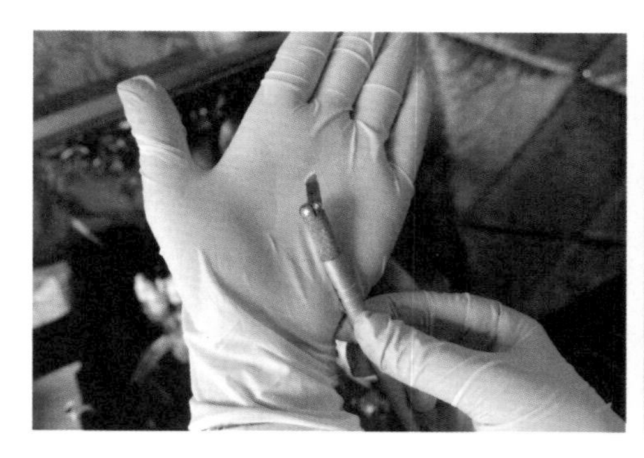

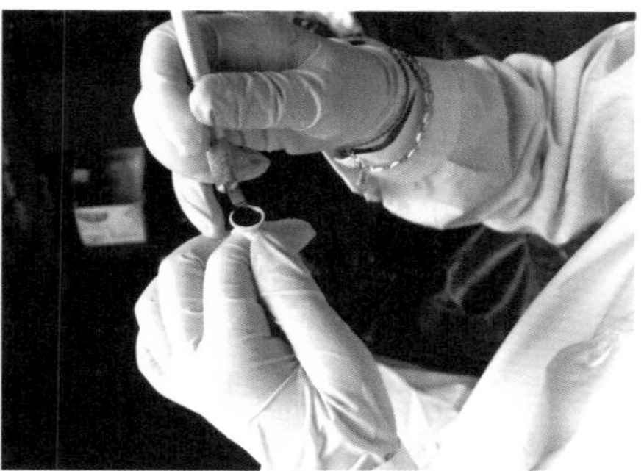

3.2.2 工具的消毒与存放

所有接触到顾客皮肤的器具都要进行消毒处理，文眉工具应保证一人一针，采用一次性的消毒灭菌用品，防止交叉感染。操作完毕后，应及时清洁整理好用品用具，妥善存放在干净环境中。

3.3 眉部持久定妆的操作

3.3.1 持久定妆眉的操作准备

1. 持久定妆眉的要素

持久定妆眉的三要素：形、色、线。

形美：眉形影响人的五官美感，可弥补脸形及五官的不足，好的眉形是让顾客“买单”的首要条件。

色美：色彩衬托与互补，体现眉毛与面部整体的和谐。

线美：针法的技巧使眉形更具质感，线条流畅，层次清晰。

2. 持久定妆眉的操作原则

持久定妆眉的原则是：眉形宁短勿长、宁细勿粗，文色宁浅勿深。

根据标准眉毛长势和色泽规律，适当地分配定妆的浓淡效果。如果不讲究浓淡的分布，就会失去立体感与美感。

（1）眉头要淡。眉头是眉的主导，眉头关系到眉形是自然还是呆板。眉头在定妆时应避免颜色过重，如果眉头界线过于分明，形状过于生硬，就会出现失真的情况。

（2）眉峰上下边缘要淡。眉峰对整个眉形起着增添灵动美的作用。要注意整个眉毛不可操作出轮廓线，眉形与眉周的肤色要相适应，不能有过于明显的分界线。否则定妆后的眉像贴上去的，容易给人呆板、不自然的感觉。

（3）眉尾要淡。眉尾是整个眉毛的收尾，要有渐渐隐没的感觉，如果眉尾定妆色调过浓，会使眉形轮廓过于清晰，层次感会被削弱。

女性文眉应掌握的原则见表 3-6。

表 3-6　　女性文眉应掌握的原则

	原则
设计	弯而不俗，粗而有度，形随脸变，不离基础
运笔	快而不乱，慢而不滞，飘而不轻，划而不板
着色比例	眉头 10%，眉腰 30%，眉峰 40%，眉尾 20%
年龄层次	20~30 岁女性：文色可稍深，力求眉形充满青春活力、朝气蓬勃 30~40 岁女性：文色适中，手法略轻，力求眉形自然大方 40~50 岁女性：文色略淡，手法轻柔，力求眉形典雅华贵
皮肤性质	干性皮肤易着色，手法应轻柔 油性皮肤不易上色，手法略重些
定妆效果	远看眉，真假难辨；近看眉，淡抹修饰

男性文眉应掌握的原则见表 3-7。

表 3-7　　　　男性文眉应掌握的原则

	原则
设计	眉有力度，无须太多修饰，形随脸变，不离基础
运笔	飘而不轻，划而不板；把握分寸，避免随意
着色分布	疏密均匀，前后呼应；色泽浓密，体现质感
年龄层次	青年男士——手法略重，文色以黑、灰为主 中老年男士——手法略轻，文色以灰、棕为主
定妆风格	接近自然，不露痕迹 真实大方，英俊潇洒
注：男性眉毛持久定妆的目的，是为了弥补原生眉的不足，使双眉在整个面部产生阳刚之气，更显男士风采	

3. 持久定妆眉的设计

（1）交谈沟通。通过交谈，了解顾客职业、年龄，理想的眉形、眉色及想要达到的效果。同时观察顾客的气质、肤色、发色及眉毛的自然状态特征（即眉的稀疏、宽窄、弧度、两边眉毛对称性等）。

（2）分析顾客的脸形、眼形、五官比例关系。

1）整体观察（远）。观察原生眉毛的特点，以动静和谐、统一为依据，初步确定眉毛的形状、高低、粗细、长短及密度。

2）细致观察（近）。摸骨；正面、侧面观察上眼轮匝肌、皱眉肌的突起程度和流向；正面、侧面观察眼窝的深浅、对称、高低、凹凸。

（3）确定

1）眉峰点：观察眉毛的动、静状态，摸骨。

2）眉头下方起点：在鼻影外侧与下眉线的过渡处。

3）眉头上方起点：在眉骨的最突起处。

4）眉尖点：在眼轮匝肌横向最边缘处。

5）眉心点：在眉峰下方附近，眉心的高低、前后位置，视眉形需要而定。

两边眉毛的眉头、眉峰、眉心、眉尾要定点，再连接起来就是一个完整的眉形。

（4）点、线、面结合设计。工具为削成鸭嘴状的眉笔、专用软尺、修眉刀、化妆刷等。局部清洁消毒，用 75% 酒精擦拭眉部 2 遍。

1）线条眉的设计。视觉上更立体、更直观，让顾客能立即看到做完眉毛后的效果。

2）平面的设计。眉形轮廓比较明显，操作时不容易变形。

一般是顾客确定要做眉时设计成平面眉形，根据顾客自身的眉毛颜色选择专业防水眉笔的色彩，做到眉笔颜色和眉毛统一协调，不出现色差。在设计完毕以后，为防止走形，可用黑色防水眉笔在眉框边缘描画一遍，以确保眉毛不变形。

（5）微调。以中、远距离观察是否和谐，修改不对称的部位。先用眉笔设计出顾客满意的眉形，确认后再用定点笔描边定点。

定点需要注意的是，沿着眉形走，不要超出设计好的边框，不要点得太粗或太细。点完边框用棉片按压定位笔，把定位笔没干的印子按压掉，再上稳定剂。这一步非常关键，不然定位笔印子还没干就敷稳定剂，定位笔印子很容易晕开。

（6）敷稳定剂。敷稳定剂是为了在操作时，顾客没有疼痛感，而文饰师能更放松地发挥技术。

敷稳定剂时，必须保持稳定剂完全覆盖在需要操作的皮肤上。用量要盖住眉毛，以看不清眉毛为宜。再用保鲜膜敷 20~30 分钟，揭开一边眉毛保鲜膜，另一边眉毛的保鲜膜不动。用棉签剔除稳定剂，再用棉片轻轻按压眉毛，吸除稳定剂。擦除稳定剂时，手法一定要轻柔，尽量不要将定点笔印子擦掉。操作完一边眉毛，再揭开另一边眉毛的保鲜膜，同样操作。

4. 持久定妆眉的深度确定

持久定妆眉的深度，经多年实践，普遍认为深度只能穿过表皮的基底层到真皮层，最多可停留在真皮的乳头层之上。

乳头层由大量的结缔组织形成，与基底层紧密相连。在乳头层之上，被文饰进入的色料会被胶原蛋白包围，形成稳定的保护区。如果色料穿过乳头层进入网状层，由于该层血管丰富，色料可能会和血液中的蛋白酶发生反应而翻色，也就是说，文饰进去的是棕色或黑色，到一定时间，就会变为蓝色。

文饰深度过深，除了颜色不正之外，色料可能会随血液、淋巴液流动产生渗透。所以一定要掌握文饰深度，一般进针 0.4~0.8 毫米。谨记文饰的“宁浅勿深”原则，这样可留下修改的余地。

3.3.2 持久定妆眉的操作技法

操作时宁慢勿快，要做到“意在笔先”。

文饰时，眉毛应顺着生长的方向，掌握好深浅、密度。眉头、眉尾颜色应略淡、密度略疏，而眉腰颜色较重、密度较密，这就是文眉中的“浓淡相宜”。若眉头文饰得又黑又密，则整条眉毛就显得僵硬、呆板。同时要注意浓淡过渡的自然衔接，若是颜色深浅界线太明显，眉毛也会失真。

1. 雾眉操作

（1）手工雾眉。手工雾眉通过点刺的手法，纯手工操作。手工雾眉运用素描的明暗关系，分配好色阶，控制好深度，把色料刺入眉部皮肤，形成线条和色块，具有素描的立体感。

1）手工雾眉的操作技巧。左手绷紧皮肤，右手垂直点刺；勤蘸色料，快刺快出；刺而不压，宁浅勿深。

2）手工雾眉的标准。渐变有度，虚实相间。

3）手工雾眉的配色。

①②③色阶适合皮肤较白、毛发较浅的人。

②③④色阶适合皮肤暗黄、皮肤较黑、毛发较深或要求定妆眉毛颜色深的人。

好的配色会让眉毛有层次感，眉头有渐变的效果。

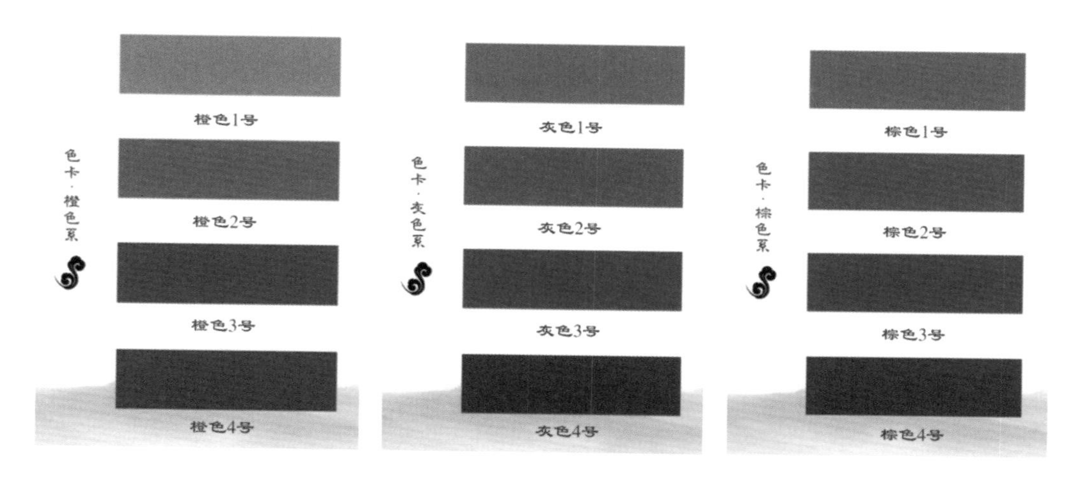

4）手工雾眉的操作方法。①②③色阶用③号做下边框，②③④色阶用④号做下边框。边框的颜色不宜做得太深，只需要淡淡的看得出来就可以，否则边框会显生硬。

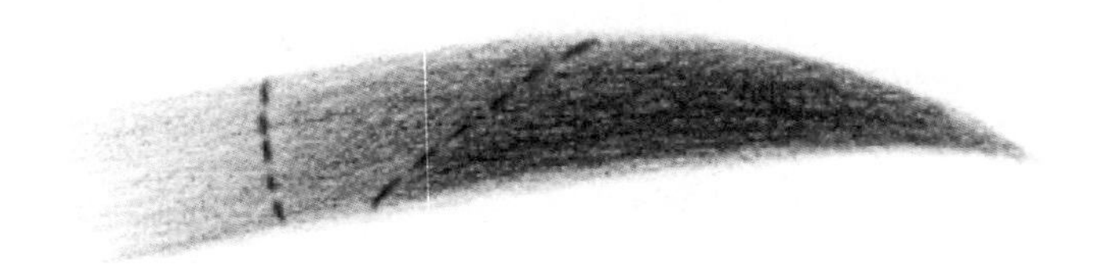

目标色局部上色，眉头往内上色。①号色做眉头，上色要虚，跳跃点刺。②号色做眉身。③号色做眉心，从下往上，从深到浅。

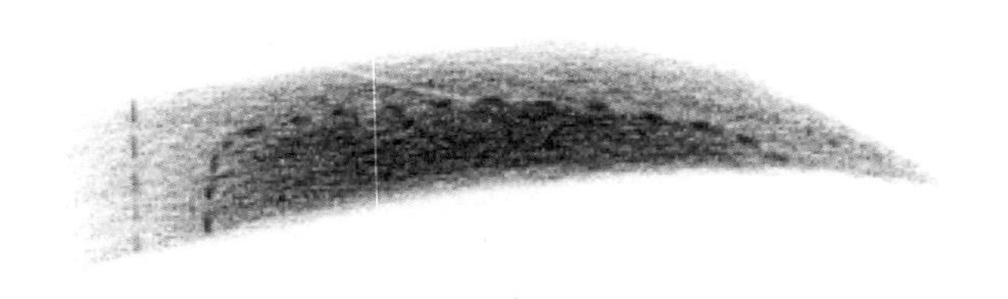

修边用普通飘眉针片，用弹的手法，蘸取稍深色轻修边框，尤其是眉梢。

（2）机器雾眉。文眉机操作手法有点刺、斜刺、直刺、飘刺。

点刺：一般用于眉头。

斜刺：文眉机与皮肤约呈 60° 向针尖的方向运动，斜刺用于上色，做线条。

直刺：文眉机与皮肤约呈 90° ，可用于上色较深部位。

飘刺：文眉机与皮肤约呈 45° ，向针尾的方向运动，用于画线。

1）机器雾眉力度。靠腕力、手中握力和指力三力合一，力度要均匀一致，深浅适当，过浅不易着色，过深会影响着色，也容易晕色。把握进针深度是上色最重要的一点，严禁超过 1 毫米，同时勤蘸色料。

2）注意不要画框定妆，避免定妆后眉毛上下边缘颜色过深，框住整个眉形，使整个眉毛显得呆板、僵硬。

3）维持色料停留时间，色料进入皮肤后，剩余色料停在皮肤表层时间不能少于 30 秒，后擦拭干净。眉头、眉尾部位着色应稍浅些，眉形的中间部分着色要实，眉的上、下缘及眉头部边框要虚，眉头部不能超过本身眉毛的部位，否则易给人不自然的感觉。

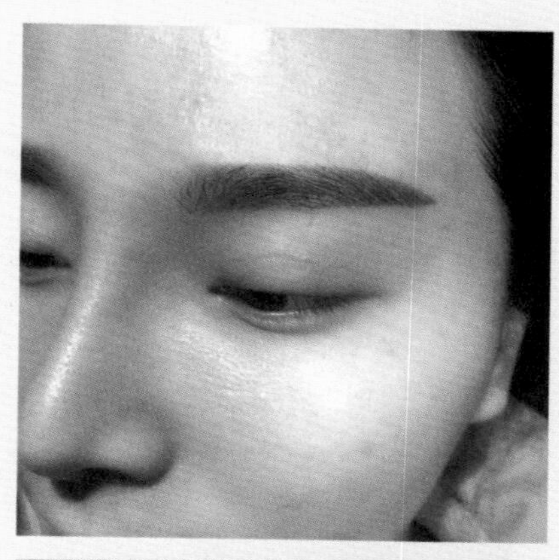

雾眉上色深浅层次

2. 线条眉操作

对于持久定妆眉来说，不论采用哪种手法都要达到同一目的——源于自然而高于自然。定妆出来的眉毛栩栩如生、不呆板，有动感、立体感、空间感和虚实感。眉形再好，也是由一根根眉毛组成，这是关键。所以在操作线条眉时，千万不可把它的每一个小空都填得严严实实，而是应该根据眉毛生长的自然规律，顺应眉毛的走势和形态，把眉毛的整体用立体化的方法体现出来，达到自然美与艺术美的和谐。

步骤1

步骤2

步骤3

步骤4

步骤5

步骤6

步骤7

步骤8

步骤9

完成

线条眉技法的展现，主要以形状的设计和线条的摆放为主。眉毛的线条排列，应该遵循眉毛本身的生长方向。

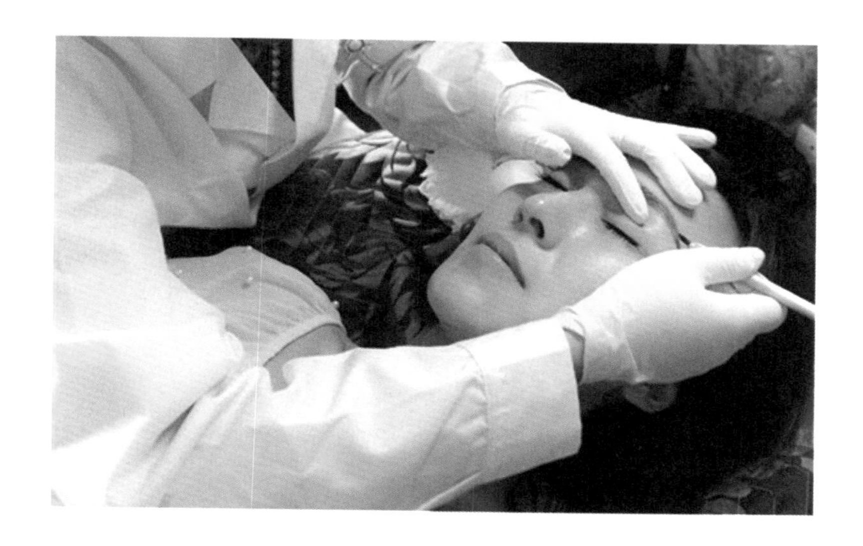

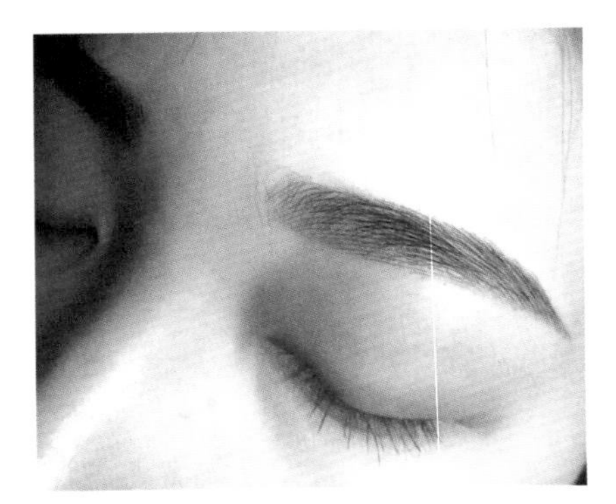

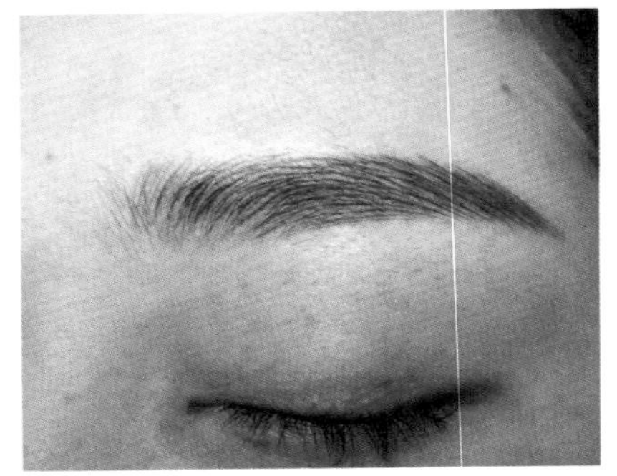

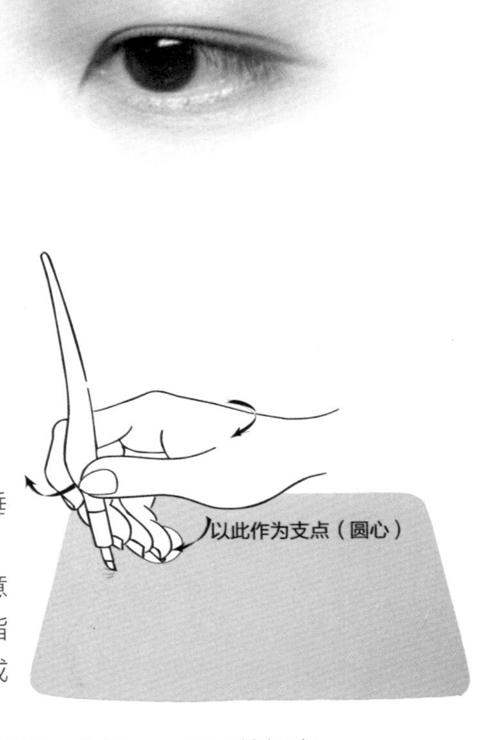

（1）基本针法的注意事项

1）垂直操作。针片与眉部皮肤垂直，力度轻柔，用阴力。

2）3个转动。根据线条走势注意转动的力度和方向，3个转动包括拇指转动笔杆，手腕的转动，身体的转动或是练习皮的转动。

3）操作的方向。右手——手去笔杆回；左手——手回笔杆去。

4）操作速度要稍快。

5）操作时，每一根线条应该注意轻——重——轻。

（2）线条的排列。眉毛属于短毛，由一根一根的短毛按多层交织排列而成。

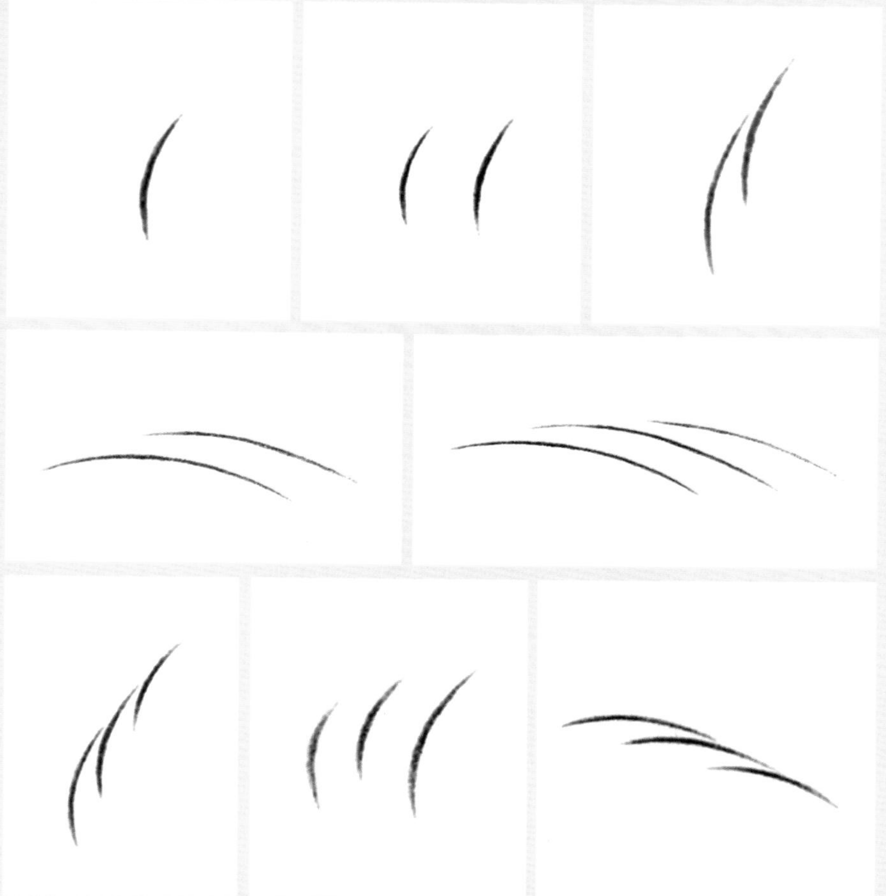

眉头部分较宽，眉头的主线条一般 5~7 根，弧形向上，线条角度逐渐过渡。眉头由 3~4 层线条组成，每层线条错层排列。

眉干主线条组成上轮廓，然后根据线条的稀疏情况增加线条，线条排列时，角度要一致。

线条的排列应遵循顾客本身的眉毛生长方向，其目的是为了与真眉毛相互融合与弥补。越能做出以假乱真的线条与线条排列，越能体现文饰师的技术水平。

线条眉排列示意图

（3）线条眉的操作手法。手工操作眉毛一般使用针片，操作手法有绣、揉、飘，因为针片与针之间的缝隙可以夹带色料，利于上色，所以手工操作眉毛用膏体比较适合。

1）绣。操作时将针片平行刺入皮肤，分为全导针、前导针、后导针。全导针是用所有的针片刺进皮肤，用于整个眉形。前导针用针的前半部分，用于修整眉毛上边缘。后导针用针的后半部分，用于修整眉毛下半边缘。绣的手法留色比较持久，但线条较粗。

2）揉。针片刺进皮肤后，提针轻揉，把色料揉进真皮浅表，以达到颜色持久的目的。揉主要用于眉毛根部。

3）飘。操作时垂直进针，针片面与皮肤面垂直，强调的是面与面的垂直。划弧线时，是以手腕的力量带动整个工具的渐变前行，以手指拧的力量来改变前行方向。正确的飘眉手法不需要使用蛮力制造创口，它对针片的扭曲力很小，弧度不是靠针片扭曲变形来实现的。

飘眉的针法分轻飘针和重飘针。轻飘针是指绷紧皮肤，快划浅划，一掠而过。轻飘针手法针体进入不深，因而线条的弧度更自然，组合更协调，适用于眉头、眉毛的上边缘。

重飘针与轻飘针相反，重飘针则是慢划深划，上色实，用于操作眉毛的主线条。针片对皮肤有一定的压力，皮肤会有短暂的凹陷，这种凹陷会加大既成创口对针片的导入性，也就是说，如果创口间距太小，针片容易划入已形成的创口。

（4）色料的注入量。色料的注入量会直接决定眉毛色彩的呈现，多则浓，少则淡。

（5）在操作中，如线条重复不准，增加了线条的宽度，导致线条越划越粗，空间越来越小，定妆后的线条就会变得不清晰，甚至晕色。

线条眉是利用杠杆原理依靠推弹手法进行上色的，首先要把针与笔形成 30° ~45° 的倾斜角，然后再让整个针的中间突出部位轻轻接触练习皮或皮肤。注意不要用力将针尖压进去，否则会给针片前行带来很大的阻力。最后将针尾轻轻提起，针尖也随之轻轻向后移动。

将进针的主要力度集中在针的前半段，不要集中在某个点上。由后往前依次用每根针片推弹到皮肤浅表层，让针尖的色料形成有效停留。在整个针片走完之后，尾部顺势向后，做好下次上色的准备，再周而复始地重复，便形成了连贯的线条眉。使用机器操作线条眉时，机器要垂直进针，如果斜刺的话容易出现晕色。

3. 丝雾眉操作

丝雾眉又称“海藻眉”，可分两次操作，也可一次完成。最佳结合的方法是第一次操作纯雾或线条，隔 28 天左右再飘线条或纯雾，层次会较为分明。丝雾同步结合的方法可在眉头用线条方式操作，眉中后用雾状操作；或者先做线条，后打雾于线条间隔。

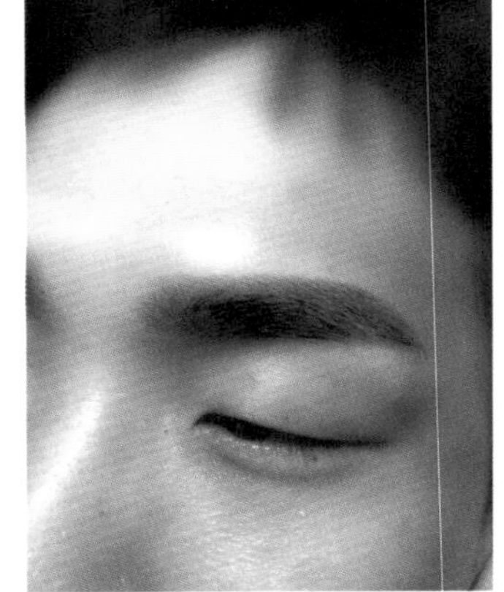

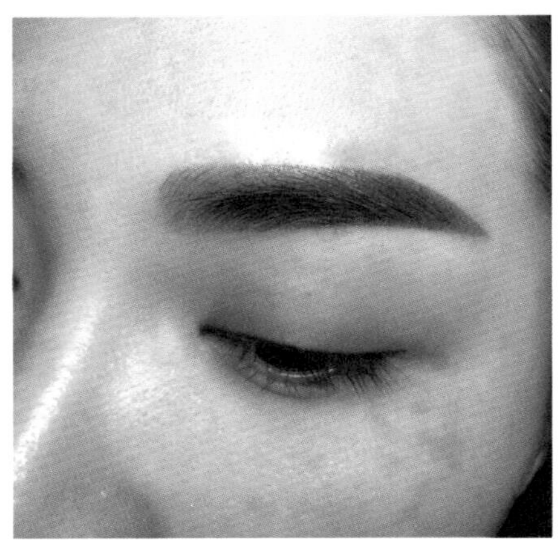

3.3.3 持久定妆眉的定妆技巧与注意事项

1. 定妆技巧

（1）若顾客皮肤性质为油性，尤其是 T 字部位毛孔较粗大，皮肤角质层较厚，不易上色，可在定妆前用 75% 酒精棉球在双眉涂擦几遍，达到脱脂的目的。或在眉部皮肤使用去角质膏，清洗后再操作，可加强上色的效果。

（2）在定妆眉过程中，可用棉球蘸少许生理盐水擦去浮色及渗出液，以便观察着色情况，看清眉毛稀疏部位。注意擦拭的时候，先用棉球轻压吸色，再轻轻擦拭多余色料。

（3）在设计的眉形范围内，均匀着色，手要灵活，用力要均。

（4）眉毛稀少的部分重点着色，边文边观察。

（5）文饰的深度以色料刺入表皮与真皮之间或最多到真皮乳头层的浅表为宜，这一层既可保证颜色的稳定，也可避免色料变色。在文饰过程中，要随时注意观察着色情况及眉形，如有不满意之处，及时纠正。

（6）刚文饰好的眉毛看上去颜色会显得稍深，一般 1 周左右，脱下一层薄痂后，颜色才真正呈现，显得自然逼真。如果脱痂后，眉色较淡，可做第二次补色，以使眉形、眉色更加完美。

（7）文饰后，在局部涂少许修复膏，先顺着眉毛的方向擦，然后再逆方向擦。修复膏擦得均匀、干净，可预防感染，也便于观察定妆色泽均匀度，如不均匀可继续调整。

2. 定妆后注意事项

（1）持久定妆眉后表皮会有结痂，结痂后应让痂皮自然脱落，千万不要人为地抠掉，以防其颜色随痂皮一起脱落而影响着色效果。

（2）持久定妆眉后 1~3 天需要忌口，不吃海鲜，不喝酒，以防过敏红肿。

（3）持久定妆眉后 3 天内，创面需要保持清洁，尽量不要碰生水，并在创面上外用薄薄一层修复膏，避免出现感染，每天 2 次，连续 3 天。

（4）结痂后不要接触热水、蒸汽等，防止痂软化、脱落而影响着色效果。

（5）持久定妆眉的后期，在使用防晒霜、隔离霜、粉底、遮瑕、美白祛斑产品时，一定要避开眉毛部位，否则久而久之会导致眉毛发灰变蓝。特别是祛斑霜，因为祛斑产品一般都有美白功效，涂在做过的眉毛上，易使眉毛变蓝。

3.3.4 持久定妆眉后可能出现的情况及处理

1. 褪色

眉毛脱痂后褪色的原因大致分为两种，一是技术原因导致的褪色，二是色料原因导致的褪色。

（1）技术原因导致的褪色

1）针尖不锋利，力度过小，使用挑针、点刺等不正确的手法，不能达到准确的进针深度，针尖只刺入表皮层而没有刺入真皮乳头层的浅表，色泽随着角质细胞的不断生发而脱落。

2）边操作边擦拭，色料没有被深层组织吸收。

3）没有根据皮肤性质调配色料。

4）线条颜色过浅，不能准确重复文饰线条，没有使点连成线，而是不断增加线条的宽度。

5）没有勤蘸色料，导致无效文饰过多。

（2）色料原因导致的褪色。因色料中的有机成分过多，由于色料的颗粒细小，易被巨噬细胞吞噬排泄而褪色。色料质量不稳定造成褪色。

1）完全褪色。脱痂后，颜色全部脱落。

2）部分褪色。脱痂后，颜色逐渐变红或变蓝。

2. 变色

（1）眉色变红

1）色料自身的原因所致。

2）油性皮肤因毛孔粗大，分泌油脂多，所以上色慢。油性皮肤新陈代谢较其他肤质快，如使用颜色较浅的深咖色或浅咖色，时间长了，颜色就会逐渐变红。

（2）眉色变蓝

1）使用的色料含黑色过多，颜色过深。

2）操作时，刺进皮肤过深。

3. 脱色

一般持久定妆眉后 3~7 天，局部脱痂，文饰颜色变浅，这是正常现象。如果脱色严重，是因为没有正确掌握文饰的深度。如果顾客皮肤为油性，也会不易上色，易脱色。同时注意叮嘱顾客文饰后不能碰热水，以防脱色。

4. 过敏

（1）色料过敏。表现为局部红肿，有血性渗出液。局部皮肤发痒、发白、脱皮等。

预防方法：用地塞米松 2 毫升加生理盐水 5 毫升制成混合液体，用纱布浸湿后，敷在眉部 20 分钟左右，再用庆大霉素 1 支涂抹局部，两者可交替使用，每天 1~2 次，待红肿消退。

（2）消毒剂过敏。文饰技术的常规消毒，一般使用 1% 的新洁尔灭。如对新洁尔灭过敏，表现为局部潮红。

预防方法：应及时脱离过敏原，改用生理盐水棉球进行皮肤消毒。

5. 结痂过厚

操作后没有及时清洁，渗出组织液，渗出的组织液和修复膏凝结造成。

解决方法：操作后，用消毒棉片清洁，每天 5 次，清洁后涂抹修复膏消炎。

6. 局部感染

表现为眉部毛囊炎，有小脓点，局部红肿，顾客自感疼痛、热、胀。

预防方法：用 25% 生理盐水或 1% 新洁尔灭清洗感染部位，外敷消炎药。文饰师也应在平时的操作中，严格执行无菌操作要求，预防感染。

7. 心理障碍

有极少数顾客，在文饰后出现忧虑、多心，整天拿着镜子看，感觉两侧眉毛不对称，出现此类心理障碍的主要原因有以下几种。

（1）文饰眉毛后效果基本满意，但对于眉形的变化，顾客在文饰前缺乏足够的心理准备。文饰后接受不了或期望值过高，目的和要求没有达到。对于这种情况，文饰师一定要耐心解释，服务态度一定要好，并且仔细、温和地给出专业分析及安抚，使顾客达到心理上的理解和平衡。

（2）文饰眉毛后，顾客感觉到不如以前好看。此时，顾客心理极为不安，需要向文饰师倾诉，才能达到心理平衡。文饰师应耐心听取顾客的意见及想法，如果确实是文饰操作失误引起的，应尽力修补，使顾客满意。

（3）顾客自己无主见，文饰眉毛后经不起旁人的议论，加之本身精神比较敏感，或文饰前就有心理障碍。为防止这种情况的发生，文饰师应在设计完眉形、顾客自己确认眉形后，操作前双方签订“文饰协议书”，并给予顾客正确的心理安慰与正确指导。

3.4 坏眉修改与洗眉

由于各种主、客观因素影响或随时间的推移、自身年龄的增长、社会审美观念的变化所造成的眉形、眉色效果不理想时常发生。值得庆幸的是，目前的持久定妆混合色料中所有的色素颗粒几乎是同步褪色，并且褪得干净彻底，而且坏眉修改与洗眉技术也日益先进。

3.4.1 坏眉修改

1. 设计新眉形

在原有眉的基础上，重新设计出一对时尚、生动、对称的新眉框，把新旧眉毛区分开。

2. 转色

如果原来的眉是深色的，就需要将其变成浅色，以便遮盖。

3. 填空

如果新眉形局部需要调高，就要将新眉框内的皮肤空白处文上新的颜色，以营造统一感。

4. 遮盖

通常选用肤色色料和白色色料交替文在需要去除的部位，使需要去除掉的部位被完全遮盖住。

5. 调色

为使遮盖过的地方不被人察觉，再用多量的肤色色料加上少量的红色色料和土黄色色料调和在一起，调成类似改眉者的皮肤色，涂于刚被遮盖过的皮肤表皮部位。

坏眉修改方法及效果可参照表 3-8。

表 3-8　　　　　　　　　坏眉修改方法及效果

坏眉情况	修改方法	效果
眉毛颜色浅	直接用稍深的颜色覆盖	使眉毛的颜色加深
眉毛颜色偏蓝	主色色料里加少许橙咖啡色	矫正偏蓝眉色
眉毛颜色偏红	主色色料里加少许绿咖啡色	矫正偏红眉色
需遮盖、修饰眉毛	选用肤色色料用手工或机器操作覆盖；或用多量的肤色色料加上少量的土黄色色料调和在一起	调成与顾客肤色相近的颜色
第一次上色过深	用空针均匀地“走”一遍，再敷上褪色剂	使眉毛的颜色淡化

3.4.2 洗眉

1. 激光洗眉

激光洗眉的原理是利用激光机产生的高强能量的光束，令色料颗粒瞬间崩解成更细小的颗粒，再由人体吞噬细胞吞噬后排出体外，色素便随之消退。由于某一波长的激光只能被相应的色素吸收并且是瞬间击破色素颗粒，能量来不及传递到周围组织就已完成了击破，所以对正常皮肤的损伤并不大。激光洗眉已经是很成熟的技术，如果不是强行加大能量的话，一般不会留下疤痕。而激光照射的持续时间非常短暂，故不会导致周围正常皮肤组织的损伤。

激光洗眉后如有皮肤损伤，修复需要 55~75 天的时间。如无损伤，1 个月以后即可进行文饰。

2. 走空针洗眉

空针密集操作，文眉机器不蘸任何色料，在局部不理想眉形上来回划动走空针，深度在 0.5~0.8 毫米。人为地造成表皮机械性损伤，数日后，皮肤表面结痂自然脱落后，颜色变淡。

此方法适合眉形尚可，定妆颜色过深者。洗眉后保持皮肤创面绝对干净和干燥，一般 3~7 天结痂，7~10 天自然脱落，颜色变淡。

3. 洗眉水洗眉

按空针密文法，表皮机械损伤后，利用脱色剂，在数日内皮肤表面结痂后，颜色自然脱落、变淡。适合眉形尚可、颜色太深或变蓝者。用文眉机反复空文，掌握好深度。

（1）用消毒棉签蘸洗眉液 A（脱色剂）均匀擦褪色区 2~3 遍。

（2）3 分钟左右，蘸洗眉液 B（消炎剂）涂擦褪色区。

（3）干燥后，局部涂一层薄薄的抗生素眼药膏，保护创面。

操作后皮肤表面渗出液较多，24 小时后可清洁创面 1 次，1 周内不得碰水，7~10 天结痂自然脱落，颜色明显变淡。

4. 切割洗眉

切割洗眉一般用于医院医疗手术，是将不理想的眉毛切除再缝合的一种方法。

随着年龄的增长，35 岁以后的皮肤每年会下垂约 2 毫米，这种变化在面部表现尤为突出。因面部皮肤下垂引起的眼角下坠，使面部老化日趋明显，为改变这种状况，很多人通过外科手术将眉部的皮肤切割一部分，通过上提缝合抬高眼角，达到面部减龄的效果，这也是切眉的一个原因。接受切眉术后，部分或全部眉毛不再生长，这部分人群也成为较大的眉部持久定妆的顾客群体。

切眉后的顾客皮肤修复需要 6 个月左右的时间，如需再次文饰，需在 6 个月以后。

附：持久定妆眉档案表

<table>
<tr><td>姓名</td><td></td><td>性别</td><td></td><td colspan="2">出生年月：</td></tr>
<tr><td colspan="4">工作单位：</td><td colspan="2">联系方式：</td></tr>
<tr><td colspan="4">联系地址：</td><td colspan="2">操作时间：</td></tr>
<tr><td rowspan="2">眉形
基本情况</td><td>肌肤性质</td><td colspan="2"></td><td>皮肤状态</td><td></td></tr>
<tr><td>脸形</td><td colspan="2"></td><td>过敏史</td><td></td></tr>
<tr><td>配色</td><td colspan="5"></td></tr>
<tr><td>顾客要求</td><td colspan="3"></td><td>文饰师建议</td><td></td></tr>
<tr><td>注
意
事
项</td><td colspan="5">1. 定妆眉后，需使用修复膏（每隔2~3小时擦拭1次，越薄越好）消炎、消肿、留色，不易结痂。
2. 定妆眉后3日内，眉形位置保持清洁干燥，不得碰生水。
3. 结痂后不宜接触热水、蒸汽等，防止痂软化、脱落而影响上色效果。
4. 结痂后应使其自行脱落，不能人为地抠掉，以防其颜色随痂一起脱落而影响上色效果。
5. 1周内尽量少吃辛辣、海鲜等带刺激性的食物。
6. 定妆眉脱落后，如需补色，1个月以后再次定妆。
7. 定妆眉后，如需要化妆，粉底需避开眉毛部位，再使用眉笔或眉粉。
8. 全面认可文饰师叮嘱，如有任何疑问，可随时咨询。
9. 定妆后1周，应注意定妆区域的消毒与清洁。</td></tr>
<tr><td>顾客签名</td><td colspan="3"></td><td>文饰师签名</td><td></td></tr>
</table>

贴心提示：持久定妆眉后给顾客的短信

第一天　晚上好，×× 女士（先生），我是今天为您做眉毛的 ××。持久定妆眉属于“三分做七分养”，前三天尽量不要碰水，这几天要注意洗面奶、沐浴露、洗发水不要碰到眉毛部位上，不要去揉、搓、洗眉毛部位。明天开始，定妆后的眉毛颜色会稍有变深，看上去没那么自然，修复膏每次先涂上一层，2 ~ 3 分钟后擦掉，请耐心等待 5 ~ 7 天的完美蜕变。如果掉痂后颜色有些变淡也是没关系的，后期还可经过 1 ~ 2 次微调，达到最完美的效果。调整需要在 1 个月以后，有什么问题可以随时问我，祝您天天好心情！

第六天　晚上好，×× 女士（先生），您眉毛上的痂是否基本掉了？刚掉痂眉色如果比较淡或颜色有点不均匀，请不用担心，因为皮肤都有返色的过程，皮肤的第一个完整修复周期是 28 天左右，如果您对眉形和眉色有任何不满意的地方，我都会帮您进行调整，有什么问题可以随时问我，祝您天天好心情！

PART FOUR

第四单元

眼部持久定妆

持久定妆眼线分析与设计・眼部持久定妆的工具・眼部持久定妆的操作

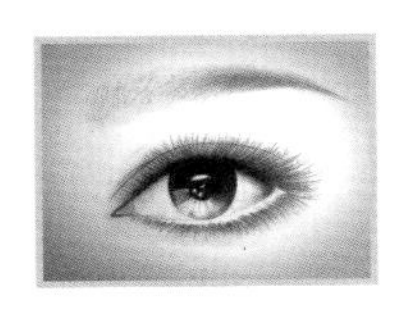

4.1 持久定妆眼线分析与设计

4.1.1 眼部的构成

人的外貌很大程度取决于眼睛是否有神美丽，眼睛甚至能遮掩其他器官的一些缺点。美丽的眼睛由形状、大小、神采等诸多因素决定。持久定妆眼线的目的是矫正眼形的不足，修饰眼形的美感，使眼睑清晰，突出眼睛轮廓，还可增加睫毛密度的美感，使眼睛更具神采。

眼睛由框部、眼球、眼睑三部分构成。上下眼睑中间的缝隙为眼裂，眼裂处形成上、下眼睑，下眼睑较宽，眼睑上长有睫毛，在眼裂内侧有个半圆形的眼囊，称为“内眼角”，在眼裂外侧，为上眼睑包含下眼睑的组织结构，称为“外眼角”。

眼球基本呈球形，上、下眼睑的边缘长有睫毛，呈放射状，上眼睑睫毛较粗长、向上翘，下眼睑睫毛细而短、向下弯。上眼睑略凸出下眼睑，上眼睑弧度较大，下眼睑弧度较小。

4.1.2 眼形和眼线

从传统印象来看，眼睛可分为单眼皮、双眼皮、长眼、圆眼、吊眼、垂眼等。

持久定妆眼线的效果是使睫毛根部显出形态，轮廓更为清晰，更有层次感，因此又称为“美睫线”或“美瞳线”。

睫毛按每个人睫毛生长情况的不同分为浓密型、稀少型、正常型。浓密型睫毛的眼睛轮廓会形成一条细线，给人感觉眼部轮廓清晰。睫毛比较稀少的眼睛，比起睫毛浓密的眼睛，缺少了清晰感。

通常，理想的眼线为上眼线粗，下眼线细，通常说的“上粗下细”。眼线的粗细比例一般是“上七下三，外七内三”，这是根据眼睫毛的自然生长规律来确定的。

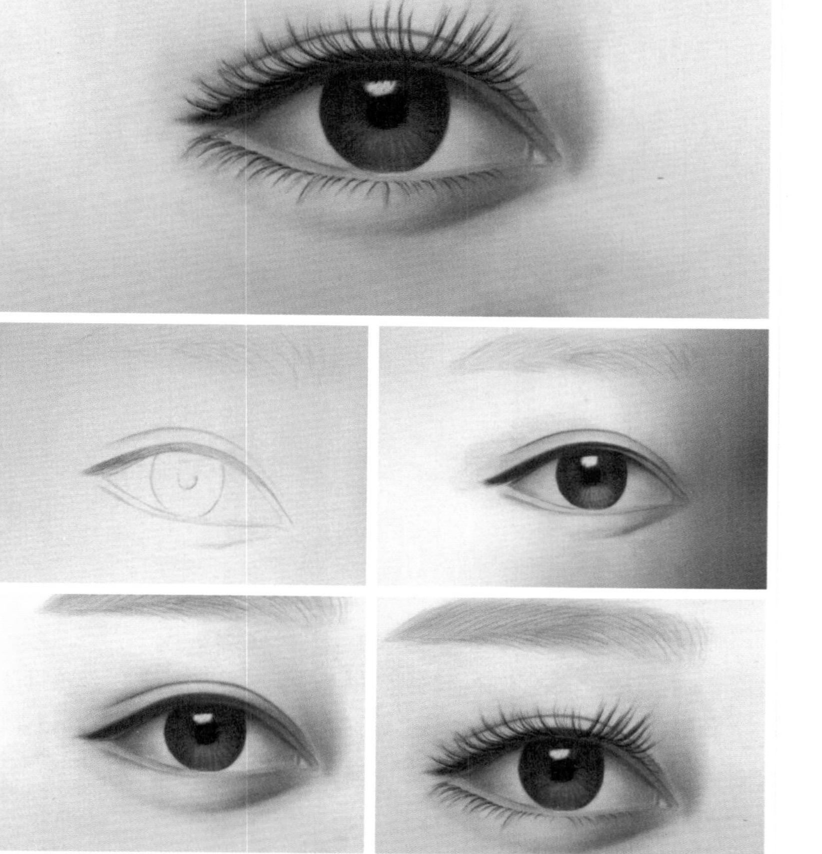

睫毛轮廓线对于眼睛的美感至关重要，因为它可以强化眼神，增加神采。眼线在面部妆容中很重要，可以增加眼睛的神韵，还可以矫正眼形，弥补睫毛稀少的不足，增强浓密感，利用持久定妆技术及符合肤色的持久定妆色料进行美睫线定妆后，使眼睛神采奕奕、光彩照人。

眼线持久定妆术必须根据眼睛形状进行分析，以黄金分割比例进一步仔细观察后，设计出符合眼形的轮廓效果，最后确定实施操作。文饰时遵循“宁窄勿宽，宁浅勿深，力求适中”的原则。

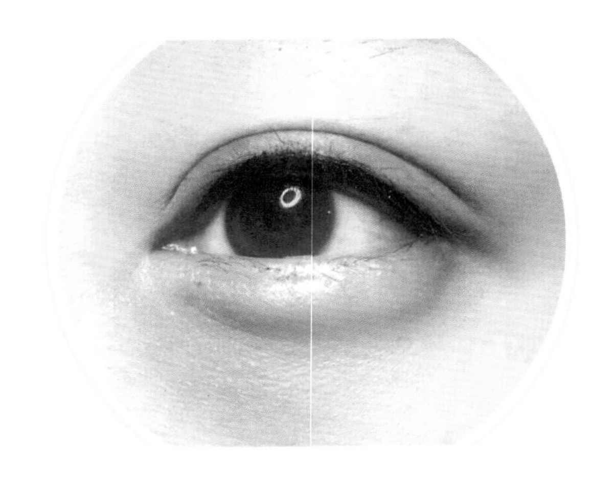

理想眼线

眼线定妆时要注意：

第一，眼线必须定妆在睫毛的根部。

第二，眼线的长度必须适合眼睛的形状，应符合正常睫毛的走行规律。上眼线应自内眦部向外眦部逐渐加宽，至尾部微微上翘。对于年龄大、眼睑皮肤松弛下垂的顾客，应注意眼线尾部的处理，一般情况眼尾略长于本来的长度。

第三，眼线线条必须流畅，呈微弧线形。双侧眼线的位置、形态、色泽深浅的设计和定妆必须对称和谐，才能体现出整体的美感。

4.1.3 根据不同的眼形，设计合适的眼线

画眼线通常是为了增强眼睛神采，美化眼形。文饰师需要在顾客原生眼形的基础上，扬长避短，调整与弥补，设计出最适合顾客的眼线。

1. 向心眼

向心眼两眼间距过近，使人感觉面部五官过于紧凑，通常给人紧张、计较、不开朗、不和善、不愉快、不舒展等印象。

向心眼由于两眼距离比较近，所以一定要注意掌握尺度。上眼线内眼角处一定要浅淡，渐渐消失，但又不能完全不做定妆处理，否则会表现出脱节，毕竟有色和完全无色是会有明显区别的，恰到好处地处理内眼角是关键。眼尾逐渐略宽，稍稍长一点。

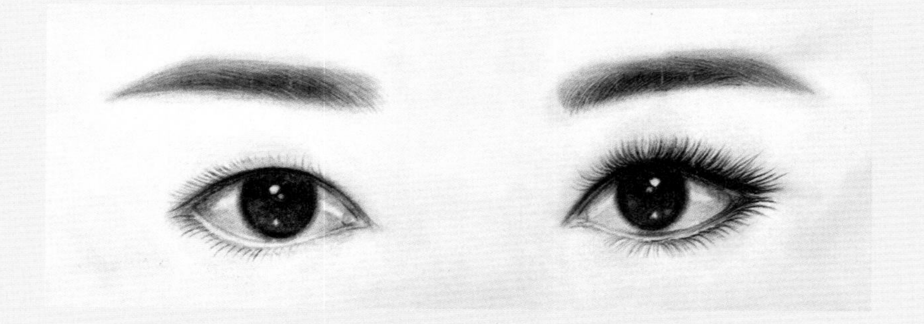

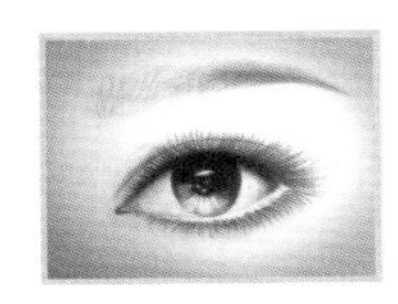

2. 离心眼

离心眼两眼之间距离较远，多于一只眼的宽度，五官显得分散，给人的感觉无精打采，甚至还会感觉迟钝。

离心眼靠近内眼角处的眼线是定妆的重点，内眼角处略深一些，稍稍粗一点。但一定要谨慎自然，外眼角处浅、淡而自然流畅，逐渐消失。注意外眼角一定不超过本身睫毛长度，不向外延伸。

3. 吊眼

吊眼内眼角略低，外眼角略高，眼尾上扬。吊眼形的人给人感觉机敏，年轻而有活力。但由于眼尾上扬，在某种表情下会显得不够温和，不够平易近人，甚至给人严厉、冷漠、厉害等印象。

吊眼眼线需绕开泪囊，内眼角定妆在外层的睫毛根部，过渡至中间内外睫毛根部（睫毛之间），外眼角定妆在内层睫毛根部处，外眼部略细，自然浅一点，不要刻意强调外眼角。

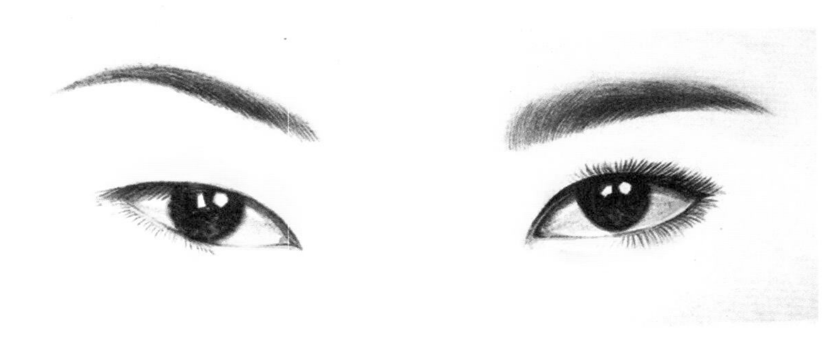

4. 下垂眼

下垂眼内眼角高于外眼角，眼形呈下垂状。给人的感觉和善、平静、沉稳、成熟，同时也会感觉忧郁。在某种情绪下会显得缺少活力，显呆板、无神和愁苦，甚至显衰老。

下垂眼定妆重点强调上眼线的外眼角处，外眼角随眼睫根部轮廓向上收尾。内眼角浅、淡、细、流畅，外眼角渐深、略粗一点，定妆在外眼睫毛边缘。尽量感觉是向上提升，线条要自然。

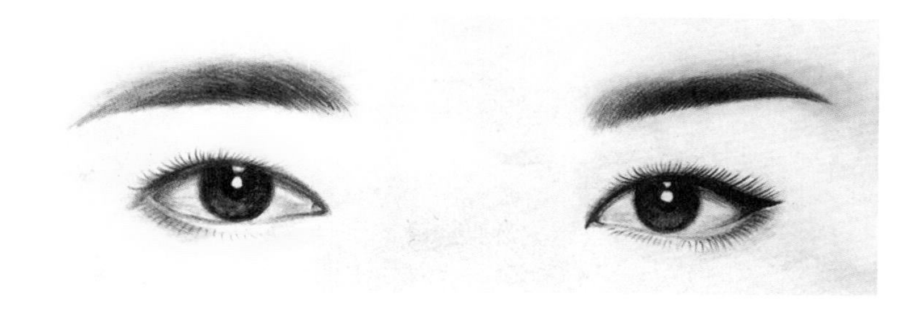

5. 大眼

大眼定妆应加强眼睛神采，减弱弧度，美化眼形。线条必须要细，紧贴睫毛根部。定妆操作由眼头开始，顺着睫毛内边缘，细细的文上一道细线至眼尾略向上提，眼中部平直而细。大眼睛的人，应注意以收敛为主，一定不要粗，线条必须流畅清晰且干净利落，尽量微平缓慢地进行。

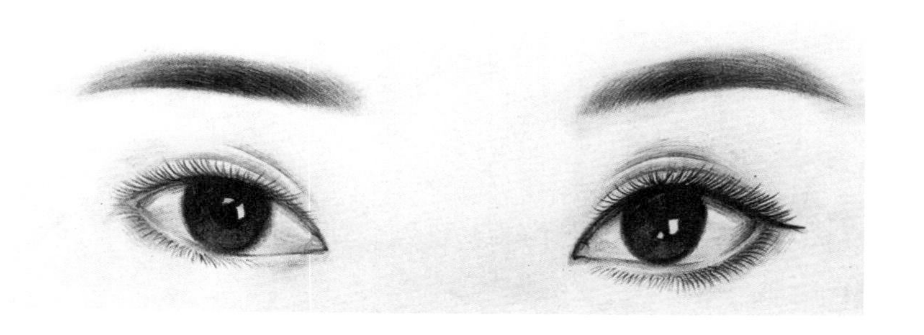

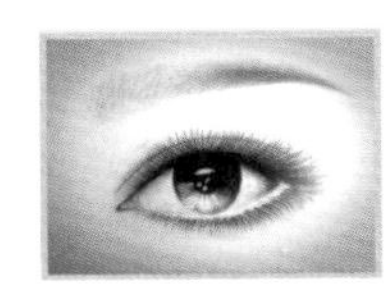

6. 欧式眼

欧式眼眼窝有凹陷感，深眼窝的特征是皮下脂肪较薄，眼部立体感强，但会显老，在某种状态下会显疲劳感，随着年龄的增加会显得憔悴。

欧式眼定妆上眼线应从内眼角开始，紧贴睫毛内层，定妆向外眼角微微上翘。线条自然流畅，加强眼部神韵。

7. 肿眼

肿眼上眼皮脂肪层较厚，使人显得没精神，缺乏活力，给人感觉松懈无神，也不美观。

肿眼眼线不可定妆得过宽，在泪囊后开始紧贴内眼眶，向外眼角做出一条流畅的线条。上眼线内眼部和外眼部眼角处略宽一点，眼尾处可稍微提一点(上扬一点)，眼睛中部眼线细而平直一些，尽量避免弧度。

8. 丹凤眼

丹凤眼又称“凤眼”，是一种极富魅力的眼睛，给人感觉有聪明才智。在古典戏剧中的英雄美人，基本会效仿这类眼睛化妆。这是因为这种凤眼不仅美，而且象征着一种智慧与才干。但凤眼在某种情绪下，可能会显现出与人的距离感。

丹凤眼定妆自然流畅、均匀即可，上眼线从内眼由浅入深逐渐至外眼角收尾。

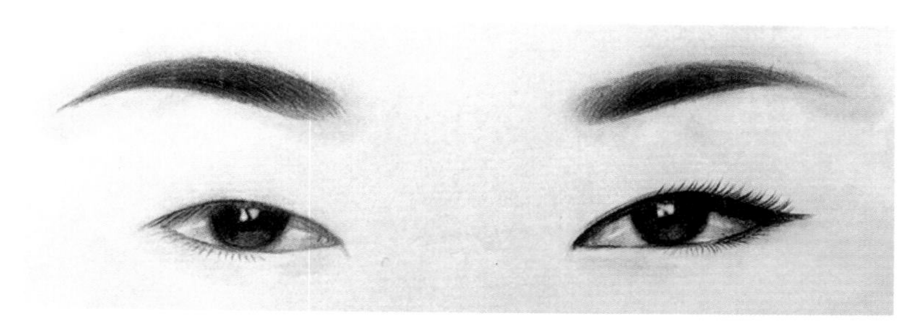

眼形特点及文饰技巧见表 4-1。

表 4-1　　　　眼形特点及文饰技巧

眼形	文饰技巧		
	上眼线	下眼线	整体效果
圆眼形（内外眼角小，眼睛弧度大）	前端可文在睫毛根外侧些，整个弧度最高点不应在瞳孔（平视时）正上方，而应在瞳孔（平视时）外侧缘	前端与泪小点平行而过，中端平直，不可下兜画圆，尾端文在睫毛根上	上下眼线中端内收
小眼睛双眼皮者	文在睫毛根部的内侧，前到泪线或超过泪小点，后到外眦角，此部分可文在睫毛根上，并可往外加宽，往后加长	可超过最后一排睫毛，外眼角线应提前起角，钝角部分轻文，色彩浅些，锐角部分略重文，色彩浓些，但不交合	上下眼线应外延

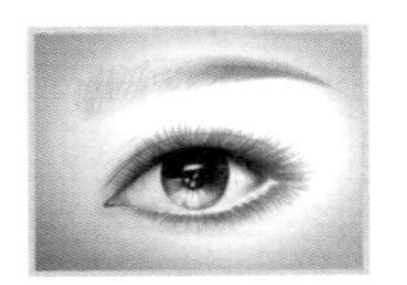

续表

眼形	文饰技巧		
	上眼线	下眼线	整体效果
单眼皮或上眼睑臃肿下垂	按眼线的标准位置文	应从瞳孔外缘起加宽至尾端，并提前起角上翘，即留 3~4 根睫毛处。钝角不文，锐角上提	上眼线向外扩展
眼轮匝肌肥厚或下睑睫毛上立	按眼线的标准位置文	可文在下睑睫毛根部及外侧上，线条可略粗些，防止因眼轮匝肌肥厚，下眼线看不见	—
重睑术后眼睑过宽	按眼线标准位置文	可略宽些，但绝不能超过最后一排睫毛，颜色应淡色，以免造成反差太大	下眼线在睫毛根部或稍向外
下睑缘过宽	可文在睫毛根内侧与灰线之间或文在灰线上，颜色略淡些。按上眼线标准位置文	下眼线要有往里收的感觉	上眼线粗细要恰当
眼球略凸	以细、均、淡为最佳	线条细、流畅，瞳孔正中部分不可过分夸张	上眼线不能过分夸张
眼袋浮出（下眼睑下垂，脂肪堆积）	内眼角略细，眼尾略宽	眼睛中部宜平直，忌弧形	—
宽眼袋（眼袋过宽使眼球视觉上变小）	沿着睫毛根部文，线条要细	文在睫毛根内侧的眼睑上	—

4.1.4 根据个人特点，挑选合适的眼线颜色

选择适合顾客眼睛的持久定妆色料进行眼线定妆，主要根据顾客肤色和偏好而定，基本上与头发颜色相近。若肤色较白，可选深咖啡色加黑色；若肤色黑，可选纯黑色。

4.2 眼部持久定妆的工具

4.2.1 工具的介绍

常用工具有文绣机器、单针、文绣手工笔、眼线笔、眼部持久定妆膏体色料和眼部持久定妆液体色料。

辅助工具包括专业持久定妆无菌包、稳定剂、消毒药水、无菌棉片、棉签、调色杯、修复剂等。

4.2.2 工具的消毒与存放

所有接触到顾客皮肤的器具都要进行消毒处理，文饰工具应保证一人一针，采用一次性的消毒灭菌用品，防止交叉感染。操作完毕后，应及时清洁整理好用品用具，妥善存放在干净环境中。

4.3 眼部持久定妆的操作

4.3.1 持久定妆眼线的操作技法

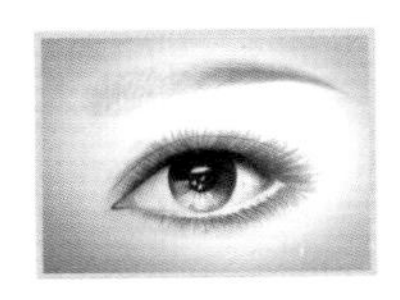

1. 标准眼线（见表 4–2）

表 4–2　　标准眼线

定义	上眼线	下眼线
标准位置	在下眼睑睫毛根部与灰线之间或线上	在上眼睑睫毛根部及外侧，一般不超过最后一排睫毛
粗细比例	前细后略宽，内一外三；上眼线比例占 3/10	前细后宽，内三外七；上眼线比例占 7/10
基本形态	从内眦角到外眦角前细后宽。后宽的部分即下外眼角线，向外稍加宽，向后略加长	从内眦角向外眦角逐渐加宽，尾部微微上翘。外眦角上翘部分，即上外眼角线，有锐角、钝角之分
起角规律	似有非有	尾端留 3~4 根睫毛时向外上方起角，形成钝角，加宽的线条与外延的部分形成锐角
定妆色	前浅后稍重	黝黑有光泽

2. 眼部文饰的原则（见表 4–3）

表 4–3　　　　　眼部文饰的原则

操作	原则
设计	前细后宽，前浅后重；形随眼变，最关键是不离睫毛
运笔	稳而不抖，准而不偏；匀而不乱，畅而不断；线条流畅，着色均匀；先文细线，逐渐加粗
年龄层次	20~35 岁女性——线条略粗，文色深些 35~45 岁女性——线条略浅，文色淡些
皮肤性质	上眼线应文在睫毛根部
文饰效果	双眼明亮有神

3. 文眼线的步骤

（1）操作前准备工作

1）做好眼部清洁。

2）局部皮肤消毒。文饰师穿好无菌服，戴口罩、手套。为顾客眼部进行清洁消毒。

3）眼线设计。根据眼形特征，在上下眼线沿睫毛根部处画出流畅纤细的线条，上眼线在外眼角 1/4~1/3 处画出与下眼线相协调的弧度，要求外形对称、自然，避免夸张。

4）敷稳定剂。清洁消毒好眼部，用医用胶布把顾客的眼皮稍往上拉，适量地涂抹眼部稳定剂于睫毛根部稍上方一点，盖好保鲜膜 20 分钟左右，注意不要让稳定剂流入眼内。如流入眼内，应立即用生理盐水冲洗眼睛。

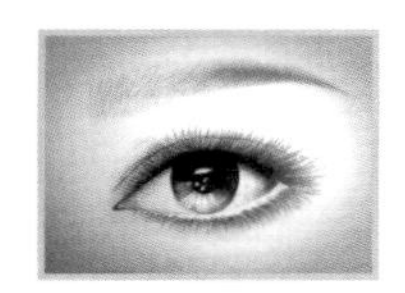

5）文饰机调试

①开机状态下，将文饰机的针尖调整至外露 2.2~2.5 毫米。

②开机状态下，将文饰机的塑料针嘴 1 毫米处伸进色料中吸取色料。

③根据文饰机下色情况进行调试，下色过多需适量增加针尖外露长度，下色过少则需适量减少针尖外露长度，以下色均匀而流畅为准。

6）调配颜色。文眼线一般选择黑色或深咖啡色，为了预防文饰过深而发蓝，可以在黑色里加黑棕色或橙色，调匀后操作。

（2）具体操作步骤

用单针由眼线中间向内眼角走针，越向内眼角，线条越细。

用单针由眼线中间向外眼角走针，越向外眼角，线条越粗。

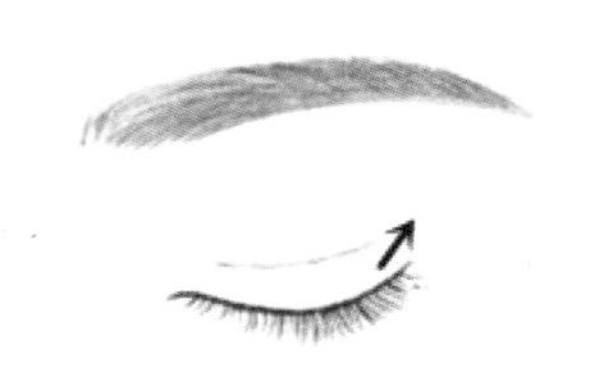

在外眼角倒数第四根睫毛处，开始略往上走针，达到外眼角稍稍上扬的效果。

（3）操作技巧

1）文饰过程中，顾客需放松，眼睛自然闭合，文饰师动作需轻柔，手机要调至静音无震动，禁止突然抬头、抬手，以防止意外。

2）外眼角处极容易渗色，要采取轻文饰、多渗透的方法，不可边文边擦。

3）文饰机和皮肤呈 75° ~90° ，向针尖伸缩的方向操作，操作时左手绷紧眼皮，右手腕部紧贴眼睑，在睫毛根部一条线上稳而慢地进行，线条需纤细流畅。外眼角眼线弧度末端要求拉出细而尖的效果，收尾干净利落。边操作边观察，调整对称性。

4）控制好文饰力度，不可过大，进针不可过深，以防止晕色。文饰时不可在某一点上停滞，也不可使用低劣的色料。

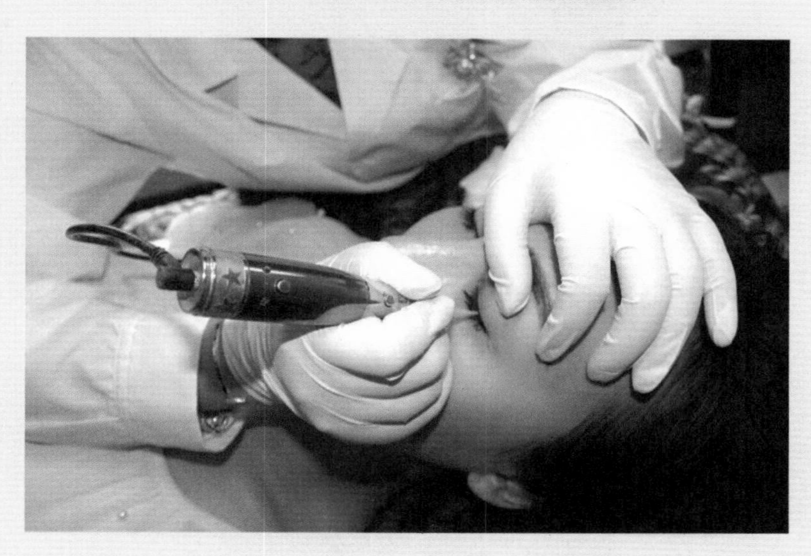

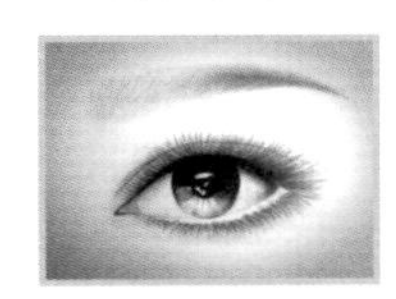

4.3.2 持久定妆眼线的注意事项

1. 不适宜持久定妆眼线的人群

（1）眼睛有急、慢性炎症，尤其是睑缘患有炎症者。

（2）患有皮肤病、传染病者。

（3）眼睑有内、外翻，眼球外凸明显，眼睛浮肿者，上眼睑皮肤松弛明显或下垂者。

（4）近期做过眼部手术，眼睛多泪者。

（5）瘢痕体质、过敏体质者

（6）精神过度紧张者。

2. 修复

（1）操作完眼线当天，睡前 2 小时尽量不喝水，睡觉时把枕头抬高，防止眼睛红肿。

（2）可适当冰敷，用保鲜膜包住冰毛巾或冰块，轻敷眼部，注意用保鲜膜隔离眼部，防止眼线碰到水。

（3）眼部不适，可用眼药水冲洗眼睛。

（4）3 天内勿用热水及洗面奶等清洁品擦洗眼部。

（5）1 周内不吃辛辣、上火的食物，不要喝酒，以免过敏。

（6）不要用手去抠动表层薄痂，以免人为脱色。

（7）28 天后，可对欠理想部位进行调整。

3. 文眼线常见问题与解决方法

（1）文饰完眼线后眼睛发红或不适。

原因：操作时稳定剂入眼或擦洗时用力过大，操作时用力按压眼部时间过长。

解决方法：避免稳定剂入眼，如不慎入眼，用生理盐水清洗眼部。擦洗时动作轻柔，在文饰时切忌长时间按压顾客眼部。

（2）眼线形状尚可，颜色发蓝。

1）色料原因：由于色料的稳定性较差，出现褪色、变蓝等现象。

解决方法：选择正规优质眼部色料。可利用色彩调色原理，用橙红色再浅浅地文一遍，可调整发蓝的现象。

2）技术原因：文饰过深，文饰遍数过多，刺进了真皮层以下。

解决方法：掌握好文饰的最佳深度，并均匀走针。

（3）眼线不上色。

1）原因：边文边擦，色料没有被皮肤充分吸收。

解决方法：多余色料在皮肤上停留超过 30 秒，然后再擦除。

2）原因：针尖不锋利，针尖与皮肤形成撞击，色料不能通过针尖刺入皮肤。

解决方法：操作前先检查工具是否能正常使用。

3）原因：文饰深度过浅，没有刺入真皮的乳头层浅表，色彩随着角质层的不断更新而脱落。

解决方法：掌握好文饰的最佳深度。

4）原因：劣质色料性质不稳定，导致褪色。

解决方法：选用正规优质品牌色料。

5）原因：文饰机的针尖外露过长，形成无效文饰过多。

解决方法：操作前应离顾客 1 米外开机，检查针尖外露长度并调试到最佳长度。

6）原因：文饰密度过于稀疏。

解决方法：均匀来回走针，从入针角度、力度、速度等多方面调整。

（4）眼线色料晕染。

1）原因：机器下针太深，染料容易扩散。

解决方法：注意下针深度，特别在内眼角，下针不能太深。

2）原因：文饰机没有保持持续的运动状态，在某一点上停滞，引起色料局部扩散。

解决办法：在文饰操作时，要求文饰师全神贯注，动作连贯，不做无效停留。

（5）眼线操作后结痂过厚。

原因：操作后没有及时清洁，渗出组织液，渗出的组织液和修复膏凝结造成。

解决方法：操作后，用消毒后的棉片清洁，每天 5 次，清洁后涂抹修复膏消炎。

（6）眼线不流畅。

原因：由于文饰师的手支撑点不稳、定妆深度不等、速度不均、上下偏斜造成眼线不流畅。

解决方法：操作时谨记眼线是流线型线条，由粗变细过渡需流畅，至内眼角自然消失，内眼角处不可既粗又黑，突然终止。

（7）眼睑肿胀。

原因：操作时皮肤组织损伤过大，反应性组织水肿。

解决方法：可以冰敷消肿，一般数天后可自行恢复正常。要减少无效文饰，掌握正确上色的方法。

（8）皮下淤血。

原因：操作时皮肤绷得过紧、文饰力度过大、文饰过深都会造成皮下出血。

解决方法：可在消肿后热敷，有利于淤血吸收。

附：持久定妆眼线档案表

<table>
<tr><td>姓名</td><td></td><td>性别</td><td></td><td colspan="2">出生年月：</td></tr>
<tr><td colspan="4">工作单位：</td><td colspan="2">联系方式：</td></tr>
<tr><td colspan="4">联系地址：</td><td colspan="2">操作时间：</td></tr>
<tr><td rowspan="2">眼形基本情况</td><td>眉眼特征</td><td colspan="2"></td><td>皮肤状态</td><td></td></tr>
<tr><td>脸形</td><td colspan="2"></td><td>过敏史</td><td></td></tr>
<tr><td>配色</td><td colspan="5"></td></tr>
<tr><td>顾客要求</td><td colspan="3"></td><td>文饰师建议</td><td></td></tr>
<tr><td>注意事项</td><td colspan="5">1. 定妆眼线后，需使用修复膏（每隔 2~3 小时擦拭 1 次，越薄越好）消炎、消肿、留色，不易结痂。
2. 定妆眼线后 3 天内，眼部位置保持清洁干燥，不得碰生水。
3. 结痂后不宜接触热水、蒸汽等，防止痂软化、脱落而影响上色效果。
4. 结痂后应使其自行脱落，不能人为地抠掉，以防其颜色随痂一起脱落而影响上色效果。
5. 1 周内尽量少吃辛辣、海鲜等带刺激性的食物。
6. 定妆眼线脱落后，如需补色，1 个月以后再次定妆。
7. 定妆眼线后，如需要化妆，须将眼睫毛上沾到的粉底擦拭干净，再使用眼线笔或眼线液。
8. 全面认可文饰师叮嘱，如有任何疑问，可随时咨询。
9. 定妆后 1 周，应注意定妆区域的消毒与清洁。</td></tr>
<tr><td>顾客签名</td><td colspan="3"></td><td>文饰师签名</td><td></td></tr>
</table>

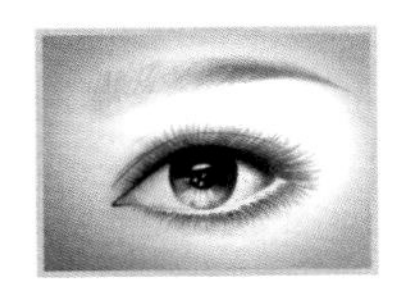

贴心提示：持久定妆眼线后给顾客的短信

第一天 晚上好，××女士（先生），我是今天为您做持久定妆眼线的××。持久定妆眼线属于“三分做七分养”，前三天尽量不要碰水，这几天要注意洗面奶、沐浴露、洗发水不要碰到眼睛部位，不要去揉、搓、洗眼睛部位。修复膏每次先涂上一层，2～3分钟后擦掉，后期还可经过1～2次微调，达到最完美的效果。调整需要在1个月以后，有什么问题可以随时问我，祝您天天好心情！

第六天 晚上好，××女士（先生），您眼线上的痂是否基本掉了？您对颜色和眼形是否满意？如果您觉得颜色还不够黑，或者还需要调整，请不要着急，皮肤还在修复中，第一个完整修复周期是28天左右，如果您对眼形和颜色有任何不满意的地方，我都会帮您进行调整，有什么问题可以随时问我，祝您天天好心情！

PART FIVE

第五单元

唇部持久定妆

持久定妆唇分析与设计 · 唇部持久定妆的工具 · 唇部持久定妆的操作

唇在容貌美学中的优势首先是色彩美，由于唇部的肌肤极薄，显得唇部格外红润，敏感而显眼，娇艳柔美的朱唇是女性风采的突出特征之一。

嘴唇过厚或过薄、唇红不完整、轮廓不清晰均会影响面部的整体和谐。而唇部持久定妆则可以完美地改善唇部缺陷、调整唇形，令双唇时刻保持美丽。

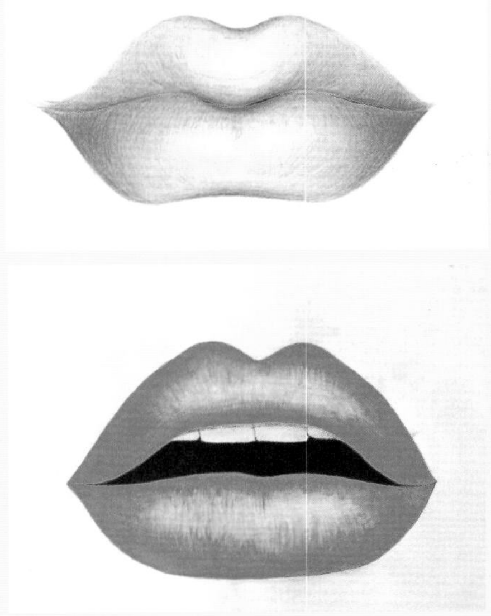

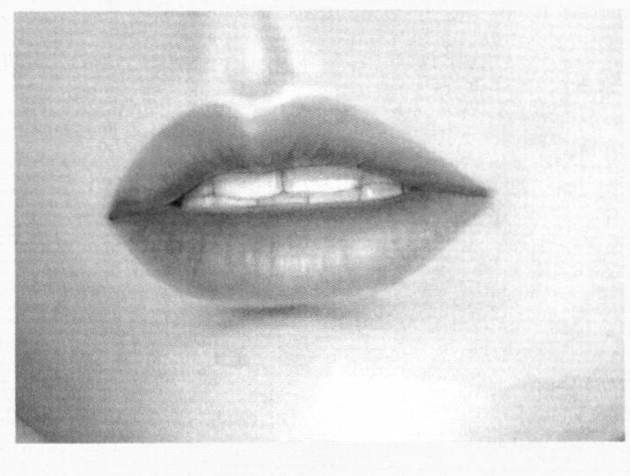

5.1 持久定妆唇分析与设计

5.1.1 唇形基础

嘴部的外形主要由口唇和牙齿决定，但上、下颌骨外形结构是嘴部的造型基础。上颌骨为弓形隆起，成突起的椎体结构，所以上唇形成了曲面的形态。下颌骨前部较平，下唇成平面状。

理想的唇形轮廓很清楚，上唇较下唇稍薄又微微翘起，呈弓形，下唇略厚。唇结节明显，两端嘴角微向上翘，整个嘴唇富有立体感。

标准唇形的唇峰在鼻孔外缘的延长线上，唇角在眼睛平视时眼球内侧的垂直延长线上，下唇中心厚度约为上唇中心厚度的 2 倍。

5.1.2 根据个人特点，设计合适的唇形

1. 唇形设计的方法

（1）六点设计法。*A* 点唇谷与 *F* 点相对，*B* 对称于 *B*’，*C* 对称于 *C*’。标准唇形上唇经中线高（*AE*）7~8 毫米，下唇唇中线高（*EF*）10 毫米，*B* 点和 *B*’点较 *A* 点高 3~5 毫米，*F* 点较 *D* 和 *D*’点低 1~2 毫米。超过标准厚度的上唇或下唇，即可称为厚唇，但这些数据并非绝对。比例适度、均衡协调才为美。唇部的美必须建立在与面部各器官协调的基础上，如樱桃小口配方脸阔鼻不美，而过度肥厚的口唇在眉清目秀的脸上也不太相称。

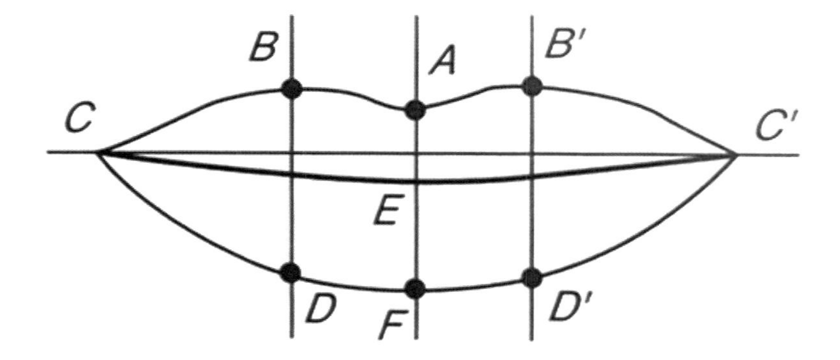

（2）唇峰定唇形法。此设计是以唇峰的位置变化来决定整个唇线的形态。嘴唇的外形与内在骨骼、肌肉有关。骨骼形状、位置的差异，口轮匝肌的厚度、大小以及牙齿的形态，都会直接影响唇的形状。

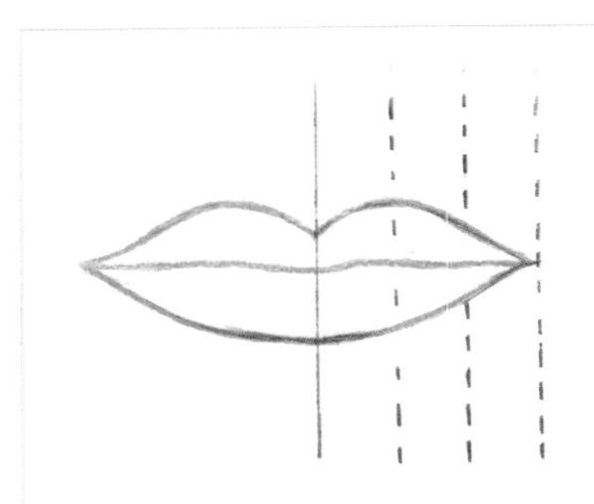

1/3 唇峰法

唇峰的位置在上唇中部到口角距离的 1/3 处，呈山形，唇缘曲线起伏大，两上唇嘴角的曲线微微向上，下唇较丰满。给人大方之感，适合大部分女性。

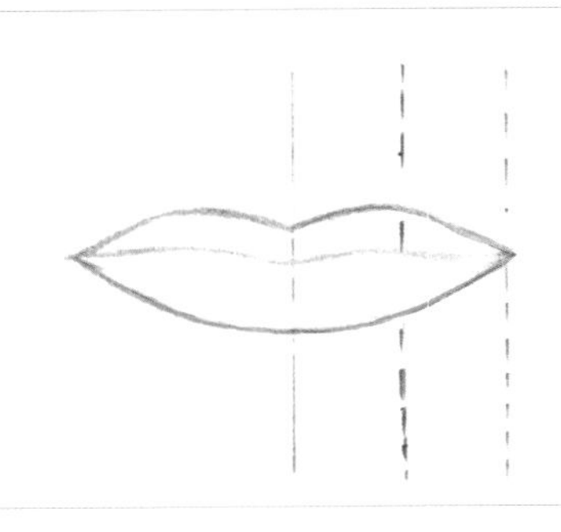

1/2 唇峰法

唇峰的位置在上唇中部到口角距离的 1/2 处。唇峰处上唇厚度与下唇厚度基本相同，上下唇线轮廓圆滑匀称。给人内向而沉静、典雅秀美的感觉，适合东方女性。

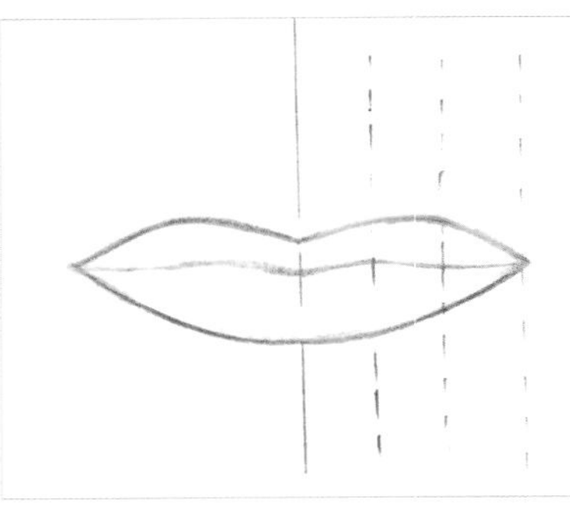

2/3 唇峰法

唇峰的位置在上唇中部到口角距离的 2/3 处。口角轻微向下，唇部曲线圆滑平缓宽广。时刻保持着微笑的感觉，给人富有亲和力的感觉，适合服务行业的女性。

2. 唇形设计的原则

唇形设计是定位好唇线的前提，定位好唇线是定妆全唇的关键。人的嘴唇形状各异，原生唇不理想的地方，就要通过唇部定妆术的技巧手段来修正弥补，使其变成标准的、美丽动人的红唇。

（1）厚唇。厚唇分上唇厚、下唇厚和上下唇肥厚。如果嘴唇厚度超过一定范围，则给人外翻的感觉。这种唇形看起来不够秀气，显得不机敏。

设计原则：应保持唇原有的基本长度，在原唇廓的内侧设计出理想唇线（不超过 1~2 毫米），无明显边缘线，选择与唇色相近的自然色，避免选用鲜艳色。

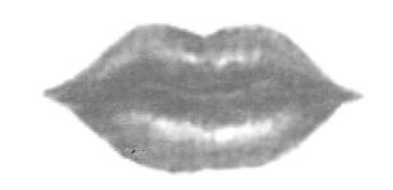

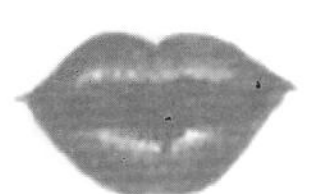

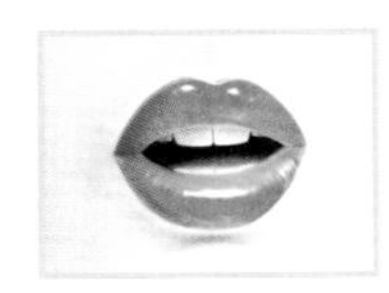

（2）薄唇。薄唇分上唇薄、下唇薄和上下唇均薄，唇形平直、缺少曲线感。特别是上唇，唇峰不明显或唇峰低，缺少柔和、饱满、滋润感，给人单薄、刻板的印象。

设计原则：应保持唇形原有的基本长度，在原唇廓的外侧设计出理想唇线（不超过 1~2 毫米），无明显边缘线，可选用浅色、艳色以增加扩展效果，使其扩展为圆润、丰满的感觉。

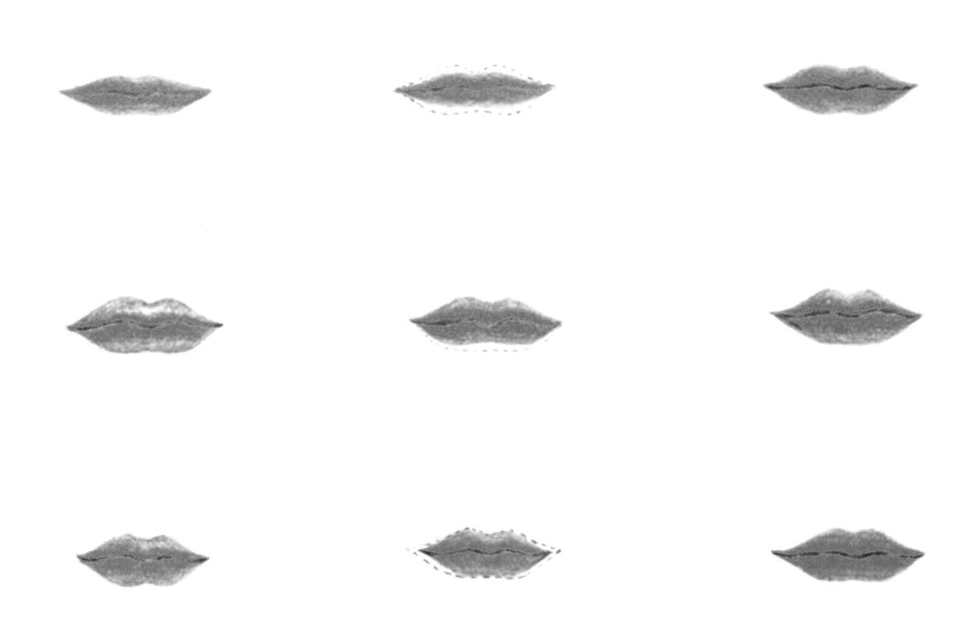

（3）嘴角下挂唇。口裂呈两端向下的弧形，给人忧郁之感，缺少活力。

设计原则：应将嘴角的位置设定在比原来嘴角略高的地方（1.5毫米以内）。上、下唇线都从那一点开始，设计自然的弧形，上唇线平缓，下唇线圆润，唇角适当上扬，无明显边缘线，避免选用太鲜亮的艳色。

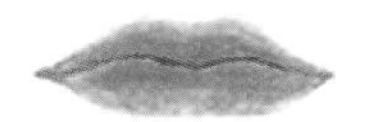
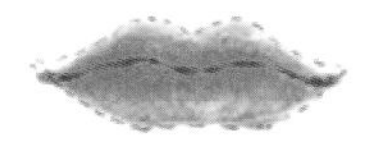

（4）尖突唇。唇峰高，呈薄而尖突的嘴唇，唇廓线不圆润，影响面部立体美。

设计原则：应沿着原唇廓的嘴角外侧设计勾画新轮廓，上、下唇线可平直些，以缩减唇部的突出感，无明显边缘线，避免选用太鲜亮的艳色。

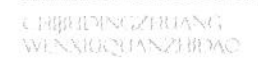

（5）上唇瘪、下唇突出的唇。如果上牙床位于下牙床的内侧，就会引起上唇瘪、下唇突的形象（俗称“地包天”），外观为上唇薄，下唇厚。

设计唇线时，上唇稍向外侧，下唇稍向内侧。上唇颜色选择稍微明亮的颜色，下唇则使用稍暗一些的颜色，收敛突出的下唇，使双唇显得匀称协调，无明显边缘线。

5.1.3 根据个人特点，挑选合适的唇色

选择色料是唇部持久定妆的关键。由于每个人的肤色不同，唇的底色不同，脸上有色斑或肤色较黑的人，唇黏膜的表皮上也会有色斑，所以同一颜色的色料在不同人的唇上所反映出的颜色是不一样的。这就需要定妆师根据顾客容貌、气质、年龄以及对美的不同要求来确定定妆颜色。

色彩是一门学问，人的肤色其实也有冷色调和暖色调之分。合适的唇色能与头发、眼睛以及皮肤颜色互为补充，自然和谐地为容颜添色。唇部持久定妆的颜色大都集中在大红、橘红、粉红等。

唇底发白的可选用玫红色系（海棠红、玫瑰红、桃红），也可选橙红色系（石榴红、橘红、杏红）。唇底发紫、发暗只可选橙红色系。花唇、疤痕唇可选较深的颜色，如海棠红、石榴红、葡萄红等。

不同的唇色会给人不一样的感觉。

大红色

大红色是唇部主色系，应用范围广，颜色鲜艳，可以做出很正很红的颜色，属于暖色系。

适合健康、时尚的人群。

粉红色

颜色较浅，很自然。

适合年轻时尚、喜欢自然妆容的人群。

玫瑰红色

唇部主色系，显华美、成熟。

适合成熟知性、端庄大方的人群。

橙红色

可用来改乌唇，或与其他色系调和后改乌唇，显活泼、明快。

适合皮肤较白、唇部底色较好的人群。

深红色

颜色较深，显成熟、敏锐、沉稳。

适合肤色较深、成熟稳重的人群。

5.2 唇部持久定妆的工具

5.2.1 工具的介绍

常用工具有文饰机器，单针、圆针、排针，唇线笔，唇部持久定妆液体色料。

辅助工具包括专业持久定妆无菌包、医用胶手套、稳定剂、消毒药水、棉签、调色杯、修复剂、生理盐水或蒸馏水等。3 指宽的脱脂医用棉片若干，放在干净的器皿里待用。制作 1 根棉条，约 15 厘米，拧紧后粗细如小拇指。

5.2.2 工具的消毒与存放

所有接触到顾客皮肤的器具都要进行消毒处理，文饰工具应保证一人一针，采用一次性的消毒灭菌用品，防止交叉感染。操作完毕后，应及时清洁整理好用品用具，妥善存放在干净环境中。

5.3 唇部持久定妆的操作

5.3.1 持久定妆唇的操作流程

1. 自身清洁、消毒

文饰师消毒自己的双手以及所有要用到的工具。

2. 为顾客唇部清洁、去角质、消毒

（1）让顾客先刷牙，再用生理盐水漱口，然后用肥皂充分洗净顾客唇部周围的化妆品以及分泌的油脂，擦拭面可稍微宽一点。

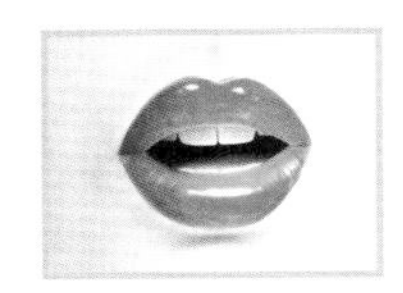

（2）用棉棒醮上唇部去角质啫喱，在唇部来回擦 1 分钟，从而去除多余的角质。也可以用 180 # 砂条或 1 号水砂纸轻轻打磨，去除残留的唇膏，并使角质层变薄，使唇部失去表面光泽。去除唇部多余角质可以使唇部更好地吸收稳定剂、色料，使上色效果更佳。

（3）用碘伏消毒液进行唇红部及口周消毒，用 75% 酒精脱碘以防影响颜色。消毒与脱碘时应以环绕方式从内向外扩展，避免二次污染。

3. 设计唇形、选色

使用防水唇线笔勾画好唇线，注意向外扩或内缩都不能超过顾客原生唇形的 1.5 毫米。线条尽量画细，以防操作时唇线超出边界。

根据顾客自身唇色、肤色、爱好、职业等进行配色，并给顾客试色，让顾客挑选出适合自己的颜色。

4. 敷稳定剂

首先，在顾客唇与齿之间放置一块干净的干棉片，防止稳定剂接触到口腔，叮嘱顾客尽量配合，不要吞咽口水。美容床尽量放平，以保证上、下唇的效果一致。

其次，如果用水剂稳定剂，选择一块大于唇周 1 厘米大小的薄棉片或专用唇帖敷在唇部，顺着唇中向下倒稳定剂后，盖一层保鲜膜。使用乳状稳定剂，用棉棒在唇面上均匀抹开，再盖一层保鲜膜。记下使用稳定剂的开始时间。

最后，约 25 分钟后，用牙签轻触唇面，确认稳定剂效果。完成后，用湿润棉片吸干残留在唇面的稳定剂，防止残留的稳定剂带入唇部，造成发暗的现象。

5. 操作唇线

（1）调试文饰机

1）准备好机器，建议可使用两部，做唇线的装圆针（单针或 3 针），做唇面的装 5 排针。

2）开机状态下，将文饰机的针尖调整至外露 2.2~2.5 毫米，吸取色料。

3）根据文饰机下色情况，调节针尖外露长度，下色过多需适量增加针尖外露长度，下色过少需适量减少针尖外露长度，以下色均匀而流畅为准。

（2）文饰操作。轻微绷紧皮肤，用单针按已画好的轮廓线走线，操作时唇面进针要短，文饰机与皮肤约呈 75°，机身与文饰的线条始终保持平行，向针尖的方向缓慢运动，从下唇的右下方向左下方走针，上唇由中间向两侧走针直至唇角。唇线的宽度控制在 1 毫米左右，直至密度均匀为止，3~4 遍即可。

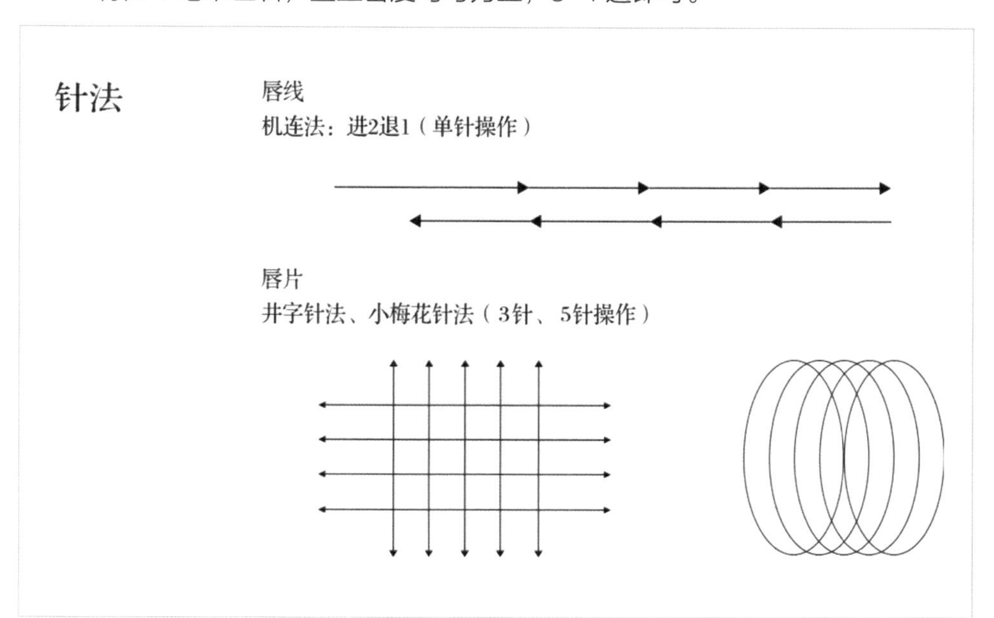

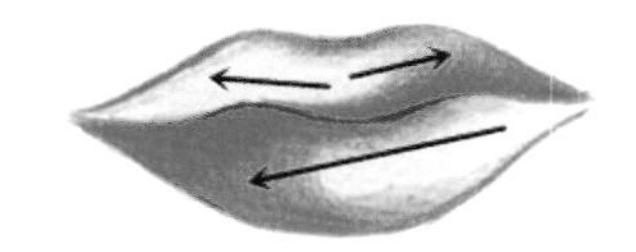

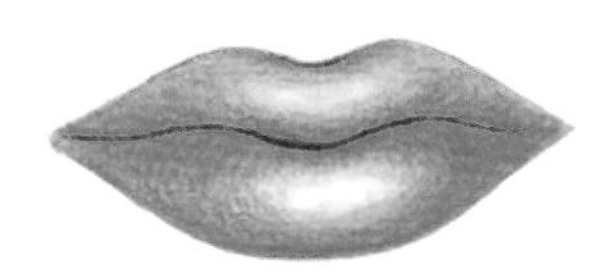

6. 操作唇面

（1）可加 1 根之前准备好的棉条拧紧，塞到唇齿之间，使唇远离牙床，便于操作，也可吸收唾液。

（2）绷紧唇部皮肤，力度要适中，力度过大易造成唇部紫癍，力度过小不易着色。

（3）可选用圆 3 针或 5 排针斜刺。出针控制在 0.5~0.8 毫米，文饰深度约为 0.1 毫米（约 1 张纸的厚度），为真皮乳头层的浅表层。

（4）文饰密度要适中，密度过高会加重水肿和色素沉着，密度过低会导致着色不均匀。

（5）唇角松弛不易上色，可要求顾客用张嘴的方法使唇部绷紧，以便着色。

（6）以“网状”针法操作 4~5 遍，不可边文边擦，要让唇部有足够的时间充分吸收色料，一般在 8 分钟后，用“按”的手法进行擦拭。

（7）文饰机不可倒置，防止色料倒流，造成喷色。

（8）少醮、勤醮色料，以防色料过多，造成喷色。

（9）着色方法。第一、第二遍进行全面整体文饰，第三、第四遍对密度不足、着色较差的部位进行重点文饰。

7. 敷色料

将色料均匀涂于唇部，浸润 20~30 分钟，被唇部组织充分吸收后清除，以达到上色均匀的目的。敷色料要具备以下两点才能被吸收。

（1）需要有足够、均匀的文饰密度。

（2）唇部组织无创面、无渗液。

8. 清除色料

用生理盐水浸泡的棉片将色料清除干净。

9. 补色

检查着色情况，对着色不均匀的部位进行补色。

10. 唇部操作完清洁

用蒸馏水清洁口腔，生理盐水棉片清洁创口，擦修复膏。

11. 注意事项

（1）叮嘱顾客离开后 2 小时内，每半小时涂 1 次修复膏，涂之前必须用生理盐水把唇面清洁干净。2 小时后，每小时涂 1 次。72 小时内保持唇面清洁干燥。定妆后 24 小时内做间断冷敷，消除局部肿胀现象。

（2）要避免唇部大幅度的拉伸动作。

（3）口服阿昔洛韦片或阿莫西林片、地塞米松、扑尔敏、维生素 C 片等，防止感染和肿胀。

（4）如有水肿现象，可采用冷敷的方法消肿。

（5）修复膏不要涂抹得太厚，也不要过分擦拭，以免导致黏膜受损。掉痂时，不要撕皮剥壳。

（6）1 周内避免高温场所。

（7）尽量避免汤水浸泡唇面，不宜食用或饮用过热的食物和水。忌烟酒，禁食辛辣、热烫、海鲜、牛羊肉等发物，多吃维生素 C 含量高的水果和清淡食品，多喝白开水。

5.3.2 持久定妆唇的操作技法

1. 手法原则

（1）轻。文饰师动作要轻，左手不可大力拉动皮肤，右手下针不可太重。

（2）柔。运针动作轻柔，顺势走针，力度一致，保持垂直角度入针。

（3）快。运针动作要快，并且速度稳定，不可忽快忽慢。

（4）贴。针帽贴在皮肤上，让所露针长全部刺入皮肤，确保上色均匀。

（5）密。运针路线要密，不论用何运针针法上色，上色必须均匀。

2. 唇部文饰

定妆师应根据唇部的构造，用垂直进针的手法，深度一般不要超过唇部基底层。不论是纠正厚唇、薄唇或一般的文饰唇线，都要紧靠唇红线，因人而定。也可适当向内、向外加宽唇线或缩窄唇线，但应避免出现红线区和白线区，防止形成双重唇而失去美感。

文唇应掌握的原则见表 5-1。

表 5-1　　　　　　文唇应掌握的原则

	原则
设计	曲线优美，厚薄相称；形随峰变，不离原唇
运笔	用力柔和，线条流畅，上色均匀
着色	唇线略深，全唇略艳；先文唇线，再文全唇
唇形上下关系	人中长者，上唇略画厚；人中短者，上唇略画薄；下颌比例小，下唇略画小；下颌比例大，下唇略画大
年龄层次	20~35 岁女性——文色略艳 35~45 岁女性——文色略暗

3. 禁忌人群

（1）患有皮肤病、传染病、过敏性体质、瘢痕体质者。

（2）口舌生疮、内毒较大，或唇部有急、慢性炎症者。

（3）感冒发烧者。

（4）经期前一个星期至月经期间者。

（5）妊娠期、哺乳期女性。

（6）高血压、糖尿病严重者。

4. 注意事项

建议接受唇部持久定妆的顾客提前 3 天预约服务，在定妆前 3 天开始在唇部适量涂抹润唇膏，以防由于唇面干裂而影响着色效果。

5.3.3 持久定妆唇常见的问题及预防处理

1. 定妆唇后起泡

定妆时消毒不严格，没做到无菌操作。顾客免疫力低下，定妆时唇部创面较大，抵抗力弱，外部环境病菌趁机而入。感染多为单纯性疱疹，一般在定妆唇后 3~5 天出现。

应提高顾客免疫力，可让顾客提前 3 天用生理盐水漱口，唇面用润唇膏滋润，并做到定妆前、中、后严格消毒，可有效预防定妆唇后的起泡现象。

2. 定妆唇后起棱

定妆手法过深会造成严重皮损，表皮丧失了自身修复能力后，由真皮组织产生的胶原纤维，对表皮造成了过度的修复所形成的棱，而这种棱很可能会在嘴巴上形成疤痕。文饰时一定控制好进针的深度。

3. 定妆后轻微肿胀

操作时间不宜过长，正常操作不超过 1 小时。手法不宜过重，

不宜对唇部组织刺激过强。定妆唇过程中敷稳定剂不宜过多，过多的稳定剂对唇部会造成较强的刺激，易肿胀。操作时不宜将唇过度紧绷。

4. 定妆全唇没有颜色

（1）手法太轻，颜色停留在黏膜浅层，脱痂时随之脱去，造成无色。手法过重，造成结痂过后，脱痂后无色。所以操作时要掌握好最佳文饰深度。

（2）色料过稀，有效上色少。操作中及时清理组织液，以免与色料混合在一起，色料浓度被稀释。

（3）针尖钝，无法将色料有效定妆到皮下。严格遵循一人一针原则，操作前检查所有工具可正常使用。

为预防文唇后感染，应特别注意给顾客擦拭唇部的棉片，生理盐水只起清洁作用，最好用 0.1% 新洁尔灭浸泡，新洁尔灭能杀灭病菌和病毒，可以明显降低文饰后的感染率。

附：持久定妆唇档案表

<table>
<tr><td>姓名</td><td></td><td>性别</td><td></td><td colspan="2">出生年月：</td></tr>
<tr><td colspan="4">工作单位：</td><td colspan="2">联系方式：</td></tr>
<tr><td colspan="4">联系地址：</td><td colspan="2">操作时间：</td></tr>
<tr><td>唇面状态</td><td colspan="3">光润　干　裂　唇文较重</td><td>肤色性质</td><td>白皙　暗黄　灰暗</td></tr>
<tr><td>唇底色</td><td colspan="3">正常　偏白　偏暗</td><td>过敏史</td><td></td></tr>
<tr><td>配色</td><td colspan="5"></td></tr>
<tr><td>顾客要求</td><td colspan="3"></td><td>文饰师建议</td><td></td></tr>
<tr><td>注意事项</td><td colspan="5">1. 定妆唇后，需使用修复膏（每隔 2~3 小时擦拭 1 次，越薄越好）消炎、消肿、留色，不易结痂。
2. 定妆唇后 3 天内，唇部位置保持清洁干燥，不得碰生水。
3. 结痂后不宜接触热水、蒸汽等，防止痂软化、脱落而影响上色效果。
4. 结痂后应使其自行脱落，不能人为地抠掉，以防其颜色随痂一起脱落而影响上色效果。
5. 1 周内尽量少吃辛辣、海鲜等带刺激性的食物。
6. 定妆唇脱落后，如需补色，1 个月以后再次定妆。
7. 定妆唇后，如需要化妆，需将唇面上沾到的粉底擦拭干净，再使用口红。
8. 全面认可文饰师叮嘱，如有任何疑问，可随时咨询。
9. 定妆后 1 周，应注意定妆区域的消毒与清洁。</td></tr>
<tr><td>顾客签名</td><td colspan="3"></td><td>文饰师签名</td><td></td></tr>
</table>

贴心提示：持久定妆唇后给顾客的短信

第一天　晚上好，××女士（先生），我是今天为您做持久定妆唇的××。这一周您都不要吃热、辣的食物，也不要用太热的水洗脸。每晚局部涂抹抗生素软膏或修护膏滋润唇部，以防干裂、脱皮。文饰后前几天颜色会比较红，脱痂后颜色会变浅，请不要担心哦！后期还可经过1～2次微调，达到最完美的效果，调整需要在1个月以后，有什么问题可以随时问我，祝您天天好心情！

第六天　晚上好，××女士（先生），您嘴唇上的痂是否基本掉了？刚掉痂唇色如果比较淡或颜色有点不均匀，请不用担心，因为皮肤都有返色的过程，皮肤的第一个完整修复周期是28天左右，如果您对唇形和唇色有任何不满意的地方，我都会帮您进行调整，有什么问题可以随时问我，祝您天天好心情！

PART SIX

第六单元

美妆素描

绘画工具 · 素描绘画技巧 · **美妆绘画实训** · 持久定妆术与色彩

绘画是艺术创造思维的“语言”媒介，是简洁、明快的，是具有独特魅力的艺术表现“载体”，以独树一帜的方式，引导文饰师走向艺术空间。

美妆素描是结合文饰表现方式，更加有艺术感且细腻唯美，符合现代审美要求。美妆素描是以素描和色彩为主要手段进行艺术创作和设计。

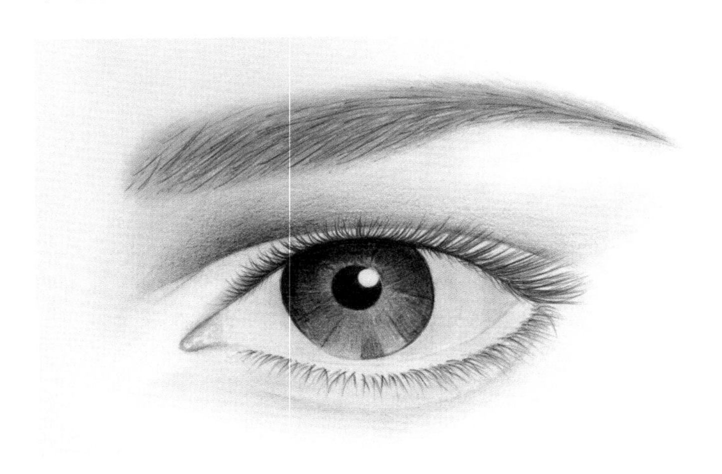

6.1 绘画工具

素描用笔：常用素描用笔包括铅笔、炭笔、碳精条、钢笔、毛笔等淡色笔，一般初学者以铅笔为宜。H类比较坚硬，统称硬铅；B类比较松软，统称软铅。HB为中性铅笔。

彩铅用笔：合装的彩铅，有12色、18色、24色、36色等规格，又分水溶性和油性（蜡性）两种。

用纸：白色的素描纸、灰色的素描纸、宣纸、白卡纸等都可以用来画素描。初学者最好选用白色、质地较厚、纸面相对粗糙、松软的纸。

其他：备好图钉、小刀或刮片，优质橡皮及画灰等。

6.2 素描绘画技巧

6.2.1 执笔方法

执笔方法包括横握法和直握法。画大面的色调时一般采用横握法，画细部时一般采用直握法。

横握法

直握法

6.2.2 运笔方法

画线，对于训练动手能力会有很大的帮助，也可训练手的稳定性。对于文饰师，手握机器或手工笔时，手的稳定性极其重要。

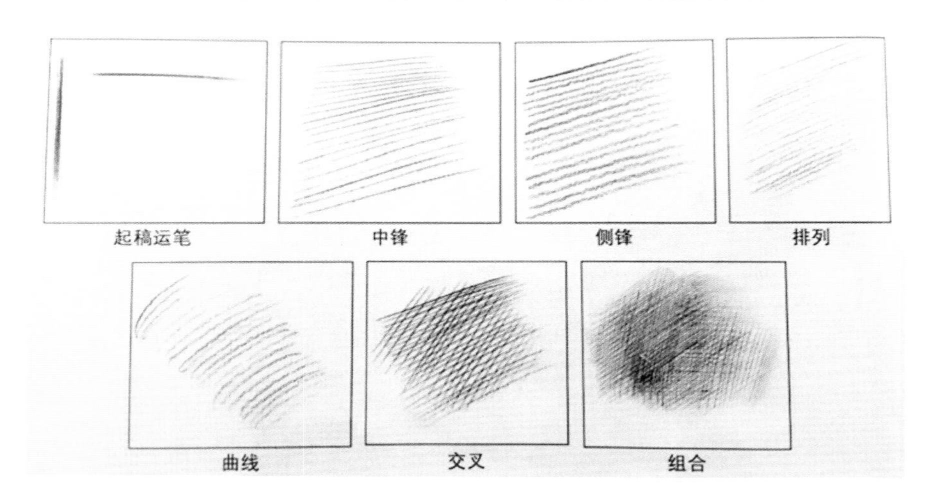

6.2.3 素描中的点、线、面关系

1. 点

点是构成一切形态的基础，是具有空间位置的视觉单位。从几何学定义来讲，它只有单位而没有大小，点是线的开始和终结。

2. 线

线分为直线和几何曲线。线的表现简单明了，表现有力的美。

3. 面

面是线移动的轨迹，面有一定的形态，有长、宽两度空间。巧妙地将点、线、面结合，可以达到理想的视觉效果。

6.2.4 观察

初学绘画者必须学会观察，将物体有机地联系在一起。把观察的范围加大，把每个局部联系起来，作为一个统一的整体。任何物体都有它自身的高度、宽度和深度，在绘画上称为“三度空间”，因此任何物体都应理解为有体积的、立体的。只有观察为立体，才能表现得立体。可眯起眼睛观察，直到所看到的目标物体周围变得模糊，所有视线集中在目标物体上，目标物体变得清晰为止。这样有助于慢慢养成整体观察的习惯。

6.2.5 色调

三大面指亮面、灰面和暗面。五大调子指亮面、灰面、明暗交界线、反光和投影。

明暗现象的产生，是物体受到光线照射的结果，是客观存在的物理现象，光线不能改变物体的形体结构。表现一个物体的明暗调子，正确处理其色调关系，首先就要对对象的形体结构有正确的、深刻的理解和认识。因为物体的形体、结构的透视变化，物体表面各个面的朝向不同，所以光的反射量也就不一样，因而就形成了色调。所以必须抓住形成物体体积的基本面的形状，即物体受光后出现受光部和背光部两大部分，再加上中间层次的灰色，也就是前面说的“三大面”。

由于物体结构的各种起伏变化，明暗层次的变化也错综复杂，但这种变化具有一定的规律性，将其归纳，可称为“五大明暗层次”。这是物体受光之后，在每一个明显的起伏上所产生的最基本明暗层次。而任何明显的起伏在受光之后所产生的明暗变化不能少于五个基本层次。这是就物体起伏本身而言，即指亮面、中间色、明暗交接线、暗面、反光；高光包括于亮面内，五大明暗层次不包括投在别处的投影。

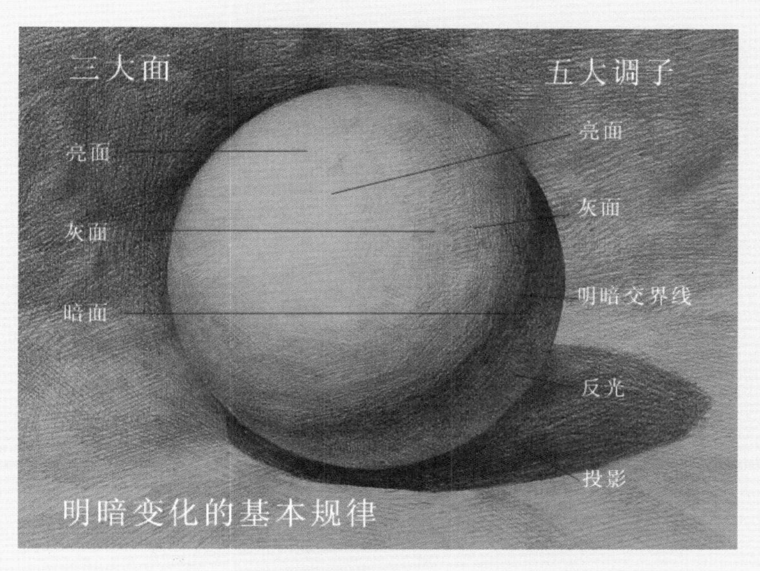

素描具备宽泛性的认识概念，它既是一门造型艺术学科，又具有独立体系的表现形式，包含着双重属性含义，给了人们灵活性的定位，可作表现性素描和研究性素描。

线和形越是简练，越富有美感和魅力，线条要优美、流畅，眉形走势与变化，散发出独有的气势和艺术的魅力。

6.2.6 透视

透视是由人类眼睛的生理构造（眼球中晶体的成像功能）产生的对物体在空间成像的一种视觉心理，有近大远小、近实远虚的透视规律。

头部形体的透视要点：由于选择作画的角度不同，头部形体会产生视觉的透视变化，若与对象的观察面平行，对象垂直方向的转动都是平行透视，其他方向的转动为成角透视，在对象头部平视情况下，正面看是平行透视，其他角度为成角透视。

透视理论的主要名词浅解

视点：画者眼睛的位置；视平线：和视点等高的一条水平线；心点：视平线上正对视点的一点，又称视觉中心。

平行透视，将正立方体的正前面与画面平行所见到透视现象，此时最多能看到3个面，与画面成直向的线都消失于心点，成角透视，将正方体一个面处于水平状，另两个直立面与画面形成角度时所见到的透视现象，此时最少能看到2个面，两直立面上的上下边线分别消失于心点。

圆面透视，当非圆形垂直面的中心与视点不处在视平线上的同一点时，所见到的椭圆现象。椭圆形的最短直径从竖向将圆面分为完全相等的两部分，最长直径从横向把画面分成不相同的两部分，近的部分略大，远的部分略小，平放的圆面离视平线远的部位看起来要圆一些，离视平线近的部位就扁一些，与视平线汇合在一起时就成了一条线状。

立方体透视特征：立方体所有的面都失掉了其原有特征，产生了近大远小、近宽远窄、近高远低的变化。

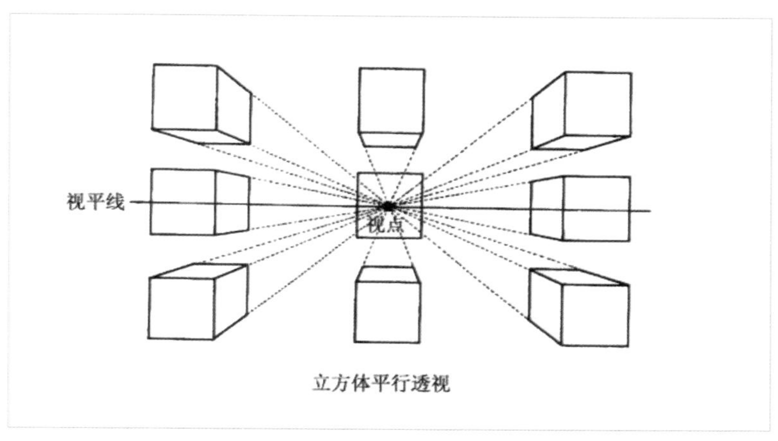

立方体平行透视

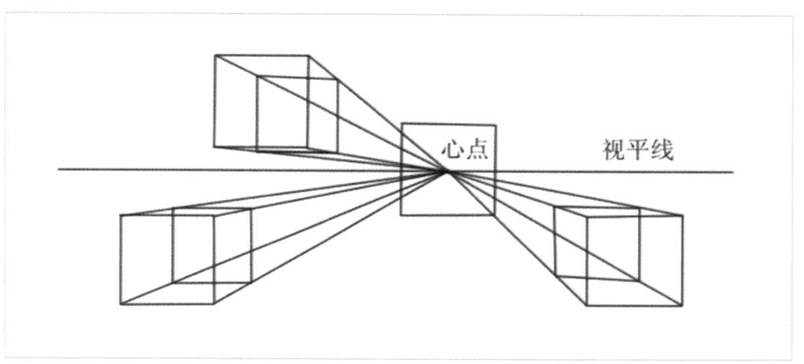

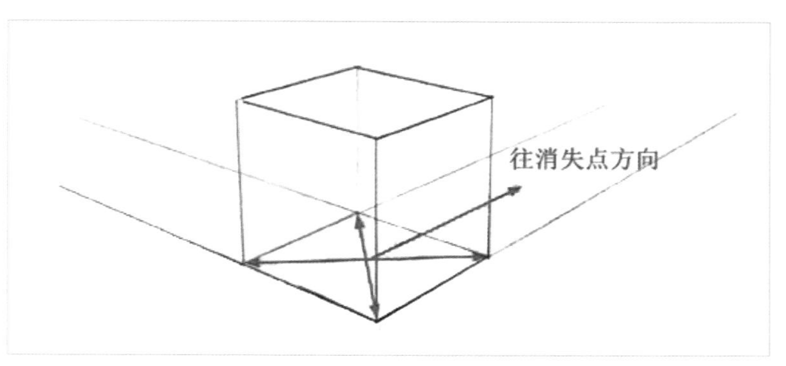

圆柱体的透视特征：透视圆心偏于远方，也就是前面的弧度要比后面的大。在画面正中点，最长透视直径为水平线，位置左右移动，透视形成偏斜状态。最长透视为斜线，离视平线越远，弧度张开越大，越近则相反。

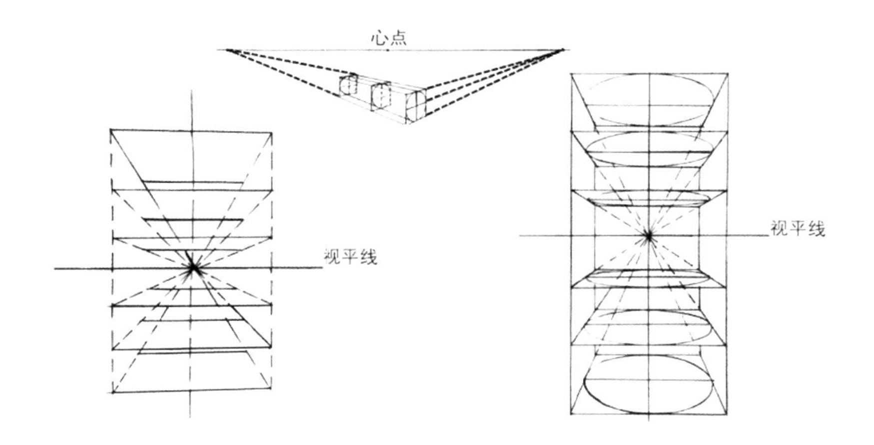

以立方体的透视规律来学习，理解头部形体的各种透视变化，因此，多做几何体的透视画法练习对文饰师熟练运用美妆素描的透视很有帮助。

掌握以下四大关键词：

- 一个整体
- 二条关键线（对象的中心线、明暗交界线）
- 三大要领（大形、大明暗、大效果）
- 四个方面（形象、透视、明暗和线条）

此外，构图和画面的整体洁净也是造型的重要因素。观察方法和整体的作画步骤，即整体——局部——整体的作画方法。

6.3 美妆绘画实训

文饰师的绘画技能实训可从以下六个方面进行。

- 构图（主体突出，画面均衡）
- 造型（抓住特征，比例准确）
- 明暗（准确把握三大面、五大调子的关系）
- 透视（符合透视的基本规律，把握对象的空间关系）
- 线条（变化有序，原则清晰）
- 画面效果（整体描绘，画面干净）

眉、眼、唇美妆素描是持久美妆专业重要的素描基础功课，通过对眉、眼、唇的研究和习作，提高对不同五官造型的观察能力、分析能力和表现能力。

在掌握了上述基本要素后，美妆素描的作画步骤就容易理解与接受，无论分解成多少步骤，整体——局部——整体的观察、描绘作画原则不变。

美妆素描的对象是真人五官，塑形是基础，抓神是关键，所谓“神”产生在人们的第一感意中，并让美好的印象成为定格的记忆，保持在作画步骤的始终。

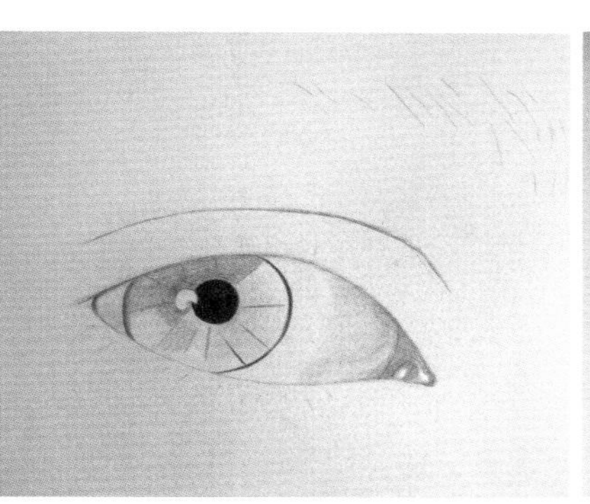

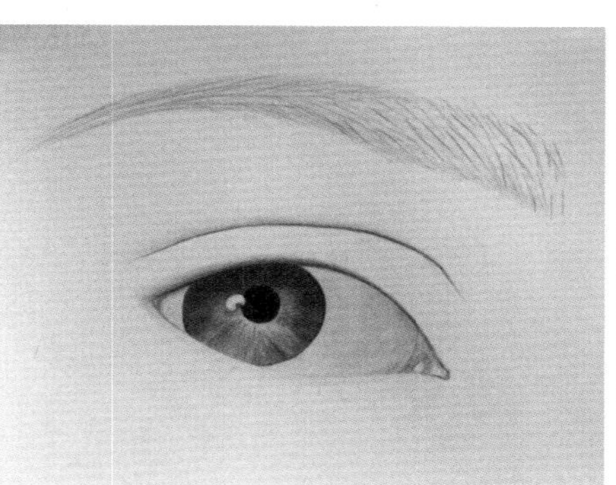

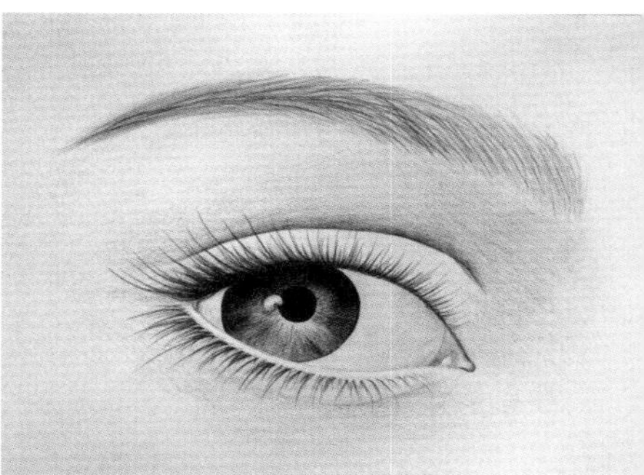

6.3.1 彩铅画训练的程序

1. 彩色几何模型的写生，一般是先用立方体、圆锥体、角锥体和球体，首先进行细心观察和研究，看它们在不同光线的照射下形体和色彩之间的变化，将素描关系与色彩关系同时研究，然后再动手写生练习。

2. 进入彩铅人物肖像临摹之前，要进行多次的彩铅静物和风景画的临摹及写生，熟练掌握彩铅表现技巧。

3. 加强课余的彩画练习，以临摹为主，写生为辅，题材广泛，速写形式不限，努力做到彩铅画的准确和熟练。

6.3.2 头像彩铅表现

1. 头像彩铅人物画的起稿

头像彩铅人物画可选择几种方法起稿，可采用拓画法，在非正稿纸上按正稿纸的规格将对象形体的主要线条画准，再“移印”到透明纸上，然后将透明纸背面透出的线条用软铅笔涂黑，再“印”到正稿纸上。或者将透明纸的程序省去，直接用“托印法”将草稿纸上的主要形象线条“移”到正稿纸上去，然后用接近对象固有色的彩铅将正稿上的“印迹”勾描补修并画出头发、眉毛、眼

睛和阴影处。

或直接在正稿上构图，但要注意先用中性的铅笔，下笔要轻、准。如果将铅芯的痕迹留在纸上，容易造成画面的“黑气”，当铅笔稿完成后，可用优质的橡皮轻轻地将纸上的浮线擦去，只留下自己能看出来的痕迹，再用彩铅将它的内外轮廓线都画好，画准对象脸形及发型的基本框架、五官比例及形象大特征，检查头部结构透视变化的合理性。由于彩铅画难以修改，所以第一步起稿至关重要。

2. 彩铅人物画的上色

先选用近似对象器官固有色的彩铅画出明暗交界线，铺设大体明暗色调，然后再逐步逐个地深入刻画细部，与其他彩色画种不同的是，彩铅画没有调色板，丰富多彩的颜色是多个彩色层面的重叠效果，所以它的色彩关系和色彩效果是逐步深入，直至完美的。在上色过程中，始终要注意色彩的冷暖关系，善于运用色彩的补色关系，使画面色彩鲜明动人。

头发上色时，先画头发整个形体的大关系，画准头发形体三大面的色彩关系，最后才是用近似头发固有色的彩铅笔梳理出（画出）头发的纹路和变化。

用彩铅排线以及排线的叠加可以产生色彩面的效果，同时也可用水溶性彩铅先画底色线条，然后用水彩笔蘸水将其湿化成彩色面，为表现形体明暗过渡和色彩渐变，用彩色点子排列出虚实效果。

6.3.3 美妆素描绘画要点

1. 构图要求主体突出，画面均衡，在限定为素描 3K 画纸、

彩铅 4K 画纸上合理安排好构图，如果画面严重偏离，主体过大或过小都是不合格的，应对办法是采用整体性画法，在画纸上定大的形体关系，以利检查构图的质量。

2. 色彩丰富，色调和谐，明确这是色彩画而不是单色画，要强调色彩的表现技巧，要敢于用色，善于用色，用色造型。

3. 要求具备熟练的彩铅画排线技巧、色彩的过渡技巧、用笔的有序和变化技巧，对形体的概括、提练、虚实、空间关系的处理等方面的把握水准，以及水溶性彩铅的特殊性能的施展。

4. 画面效果的整体性，只见某些局部、不见整体效果的局部画法是不宜采用的。同时画面要干净，不能有脏、腻、花等问题。平时多看优质的彩铅人物画的原作，作画时胸有成竹、意在笔先，就能如愿地画好一张作品。

6.4 持久定妆术与色彩

人的肤色分为偏黄、偏白、偏黑等，如何将色料与肤色相配，需要掌握相关色彩知识。

6.4.1 光线与色彩

色彩是由光的作用而产生的，没有光即没有色彩，色彩依次为：红、橙、黄、绿、青、蓝、紫。

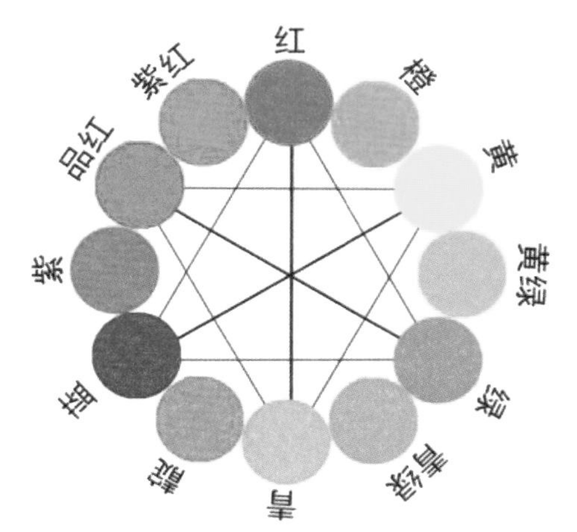

6.4.2 色彩三要素

在文饰中必须深入研究色彩三要素，色相是作为色彩的名称。明度在文饰中就是一种用色的技巧，如持久定妆眉时，想要颜色浅一些，但明度不能低，在原定色料里可加入一点点柔肤色；反之，想要颜色深一些，就加入少许比原定色料深一些的色调和即可。纯度在文饰用色中，尽量保持原定色料纯正的颜色，不添加或深或浅的颜色。

1. 色相

色相是色彩的相貌，是指各种颜色之间的区别，是色彩最显著的特征，是不同波长的色光被感觉的结果。光谱中有红、橙、黄、绿、蓝、紫六种基本色光，人的眼睛可以分辨出约 180 种不同色相的颜色。

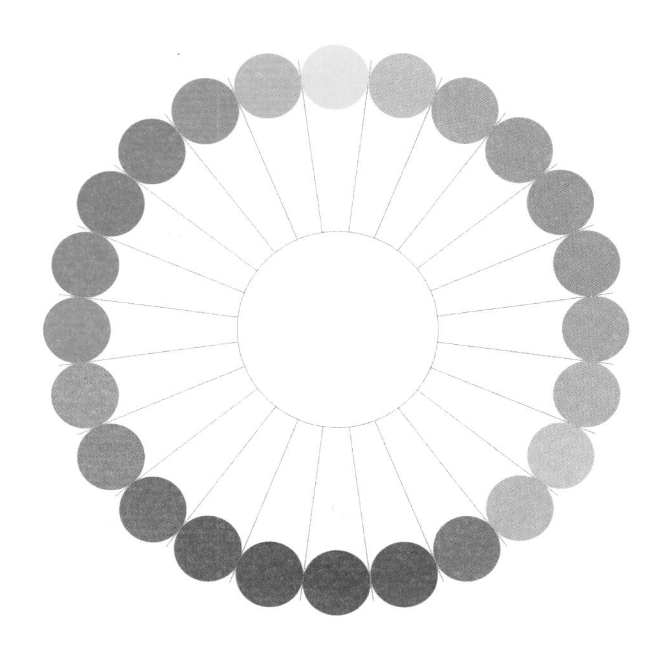

2. 明度

明度是指色彩的明暗程度，即色彩明暗的差别和深浅的区分，它具有相对独立的特征。在无彩色中，黑、白、灰都只有明度差，其中白色明度最高，黑色明度最低。在光谱中，黄色明度最高，紫色明度最低。一种颜色如果混入了比它明度高的其他色，明度就会提高；反之，加入比它明度低的色，明度就会降低。

掌握了各种色彩的明度差，可以有效地运用色彩表现持久定妆术的空间关系。

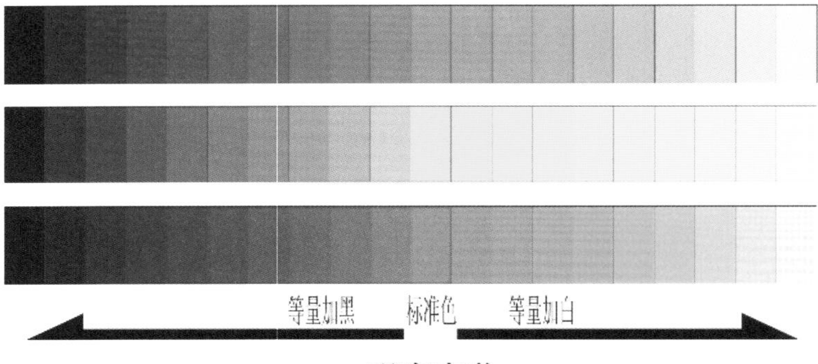

明度变化

3. 纯度

纯度是指色彩鲜艳、饱和、纯净的程度。颜色中含有纯色成分的比例越大，纯度越高；反之颜色的纯度则越低。在所有的色彩中，红色的纯度最高。

将任何一个纯色加入白色，明度虽然提高，但纯度降低；加黑色，不但明度降低，纯度也会降低。人们在生活中，眼睛所能看见的色彩大部分都是纯度较低的色彩。如何把高纯度的色彩变成纯度较低的色彩，是每一位文饰师必须要着重掌握的知识。掌握了这门知识，将为持久定妆工作带来意想不到的效果。

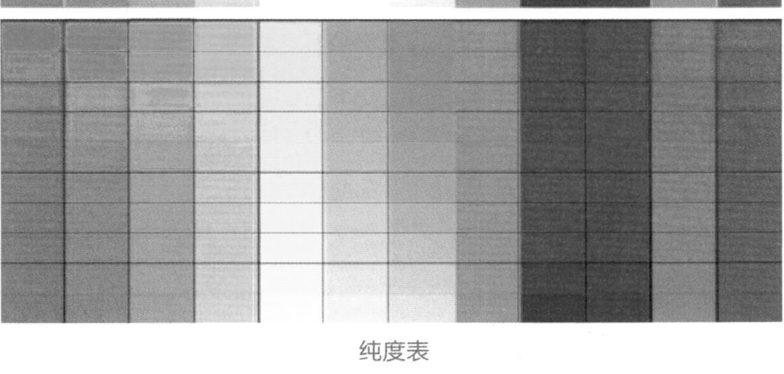

纯度表

对于初学持久定妆的人来说，色彩的三要素密不可分，如何有机结合与有效运用，是非常重要的。

6.4.3 色彩的混合

认识色彩，必须练就一双敏锐的眼睛，才能准确地分辨色彩之间微妙的色差。

1. 色光混合

若把红、绿、蓝三种色光同时以等量的纯度投射到银幕上，即成为一道白色光。

2. 颜料混合

如果以颜料三原色红、黄、蓝做等量的混合，则成为灰黑色。

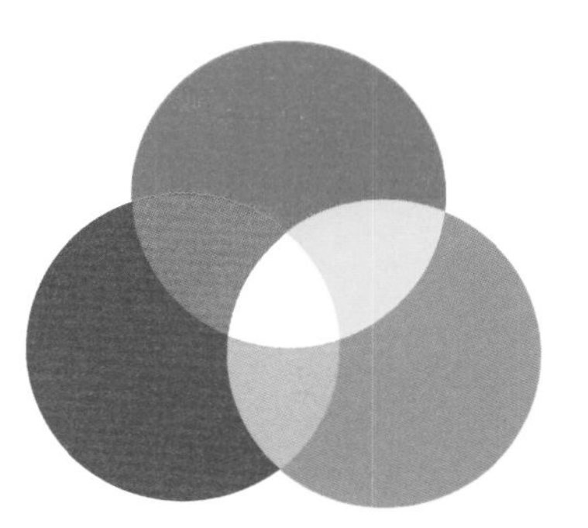

色光混合

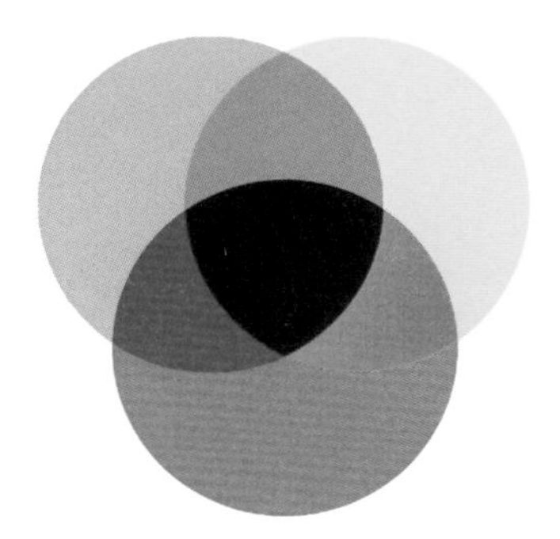

颜料混合

附：美妆素描欣赏

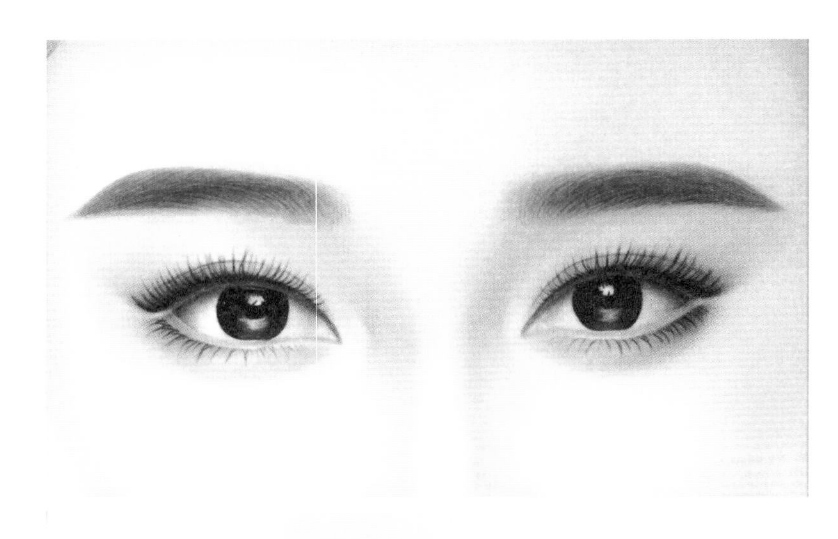

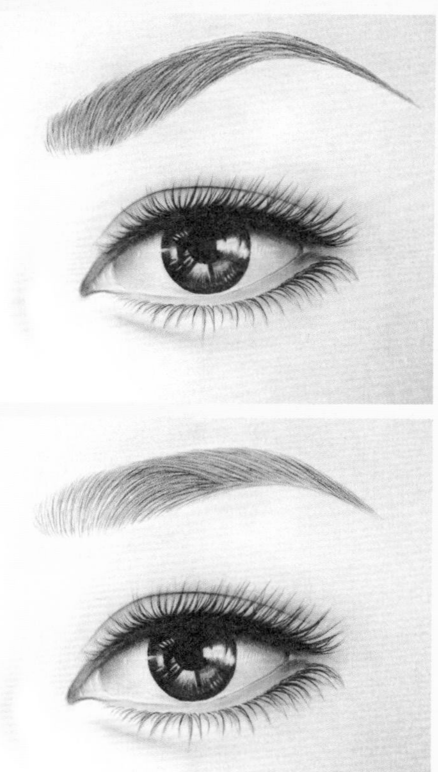

持久定妆练习

CHIJIUDINGZHUANGLIANXI

眉形设计
眉形练习
眉眼彩铅练习
线条眉练习
眼线练习
唇形设计与练习
唇部上色练习
眉、眼、唇综合练习

眉形设计

沿此线剪开

沿此线剪开

沿此线剪开

沿此线剪开

沿此线剪开

沿此线剪开

眉形练习

1. 各种质感线条的技巧练习

2. 舒缓眉

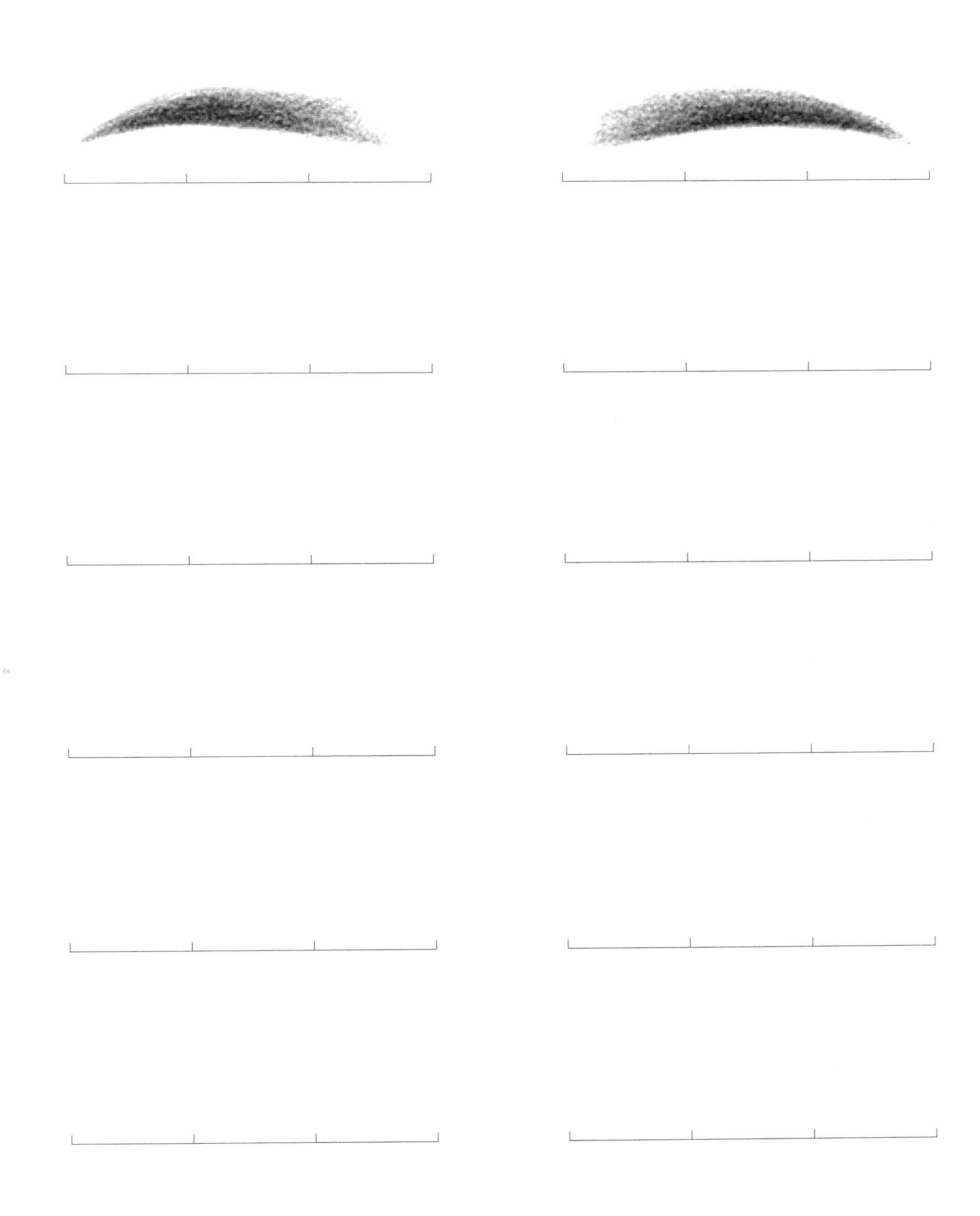

3. 挑眉

4. 欧式眉

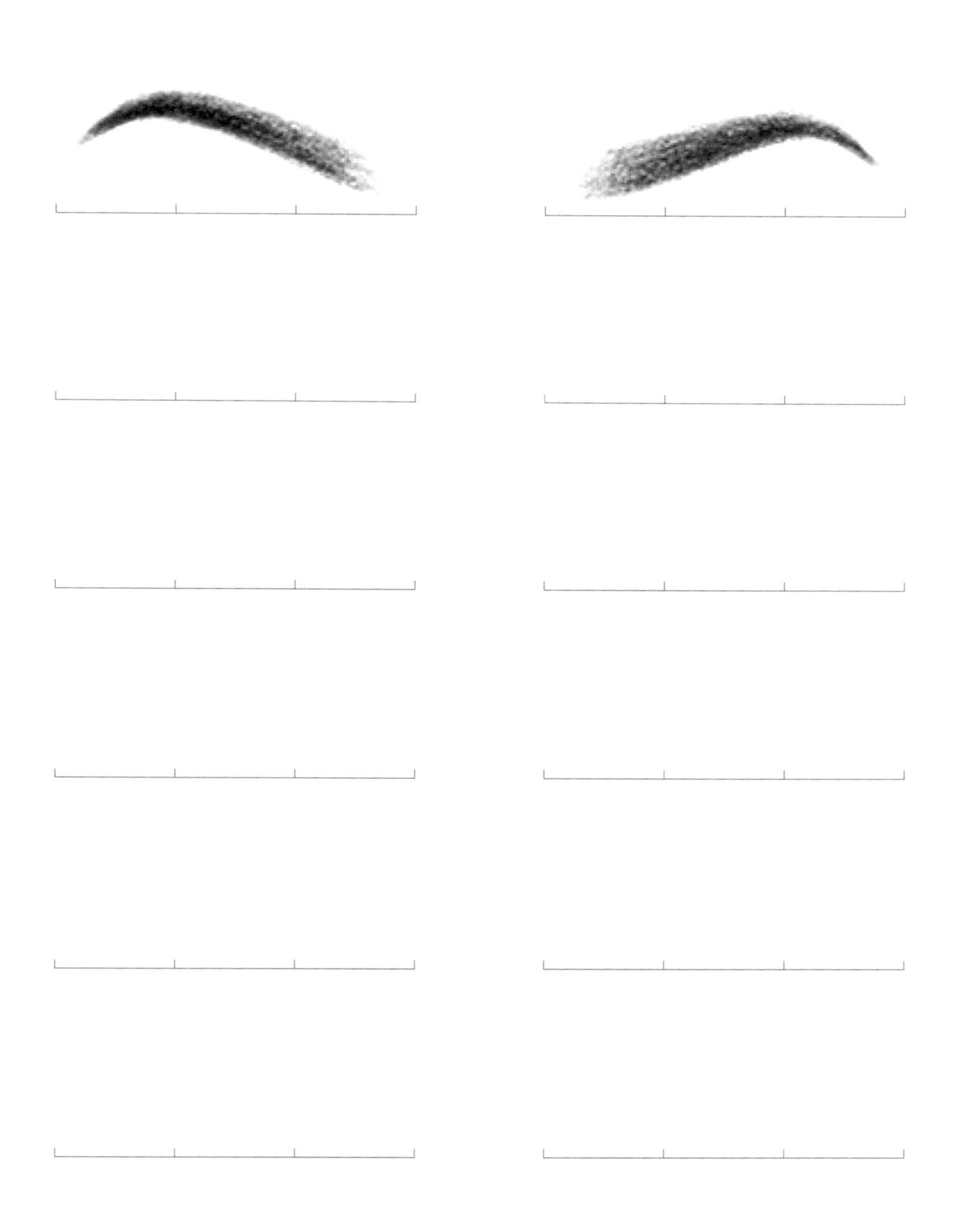

5. 一字眉

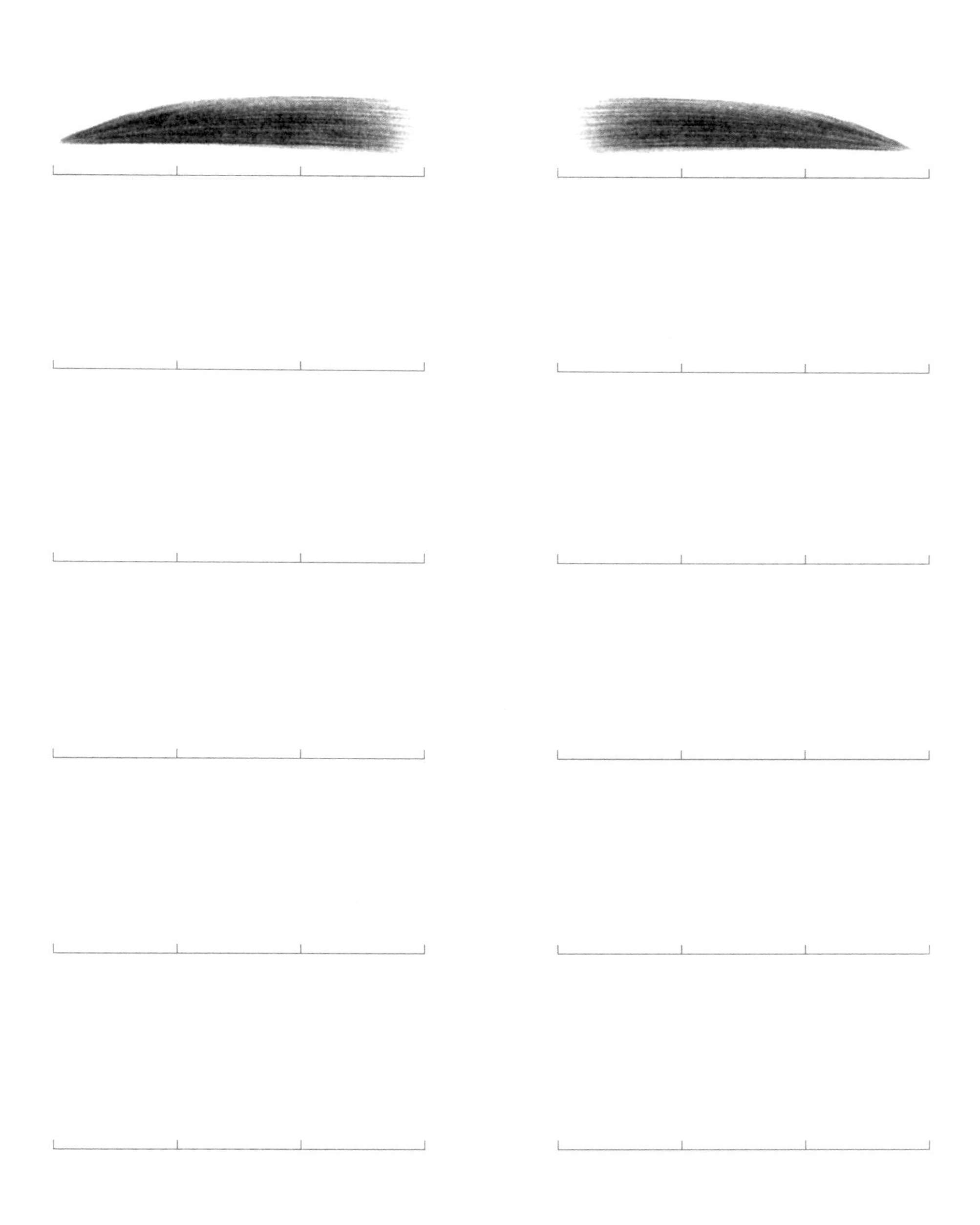

6. 男士眉

眉眼彩铅练习

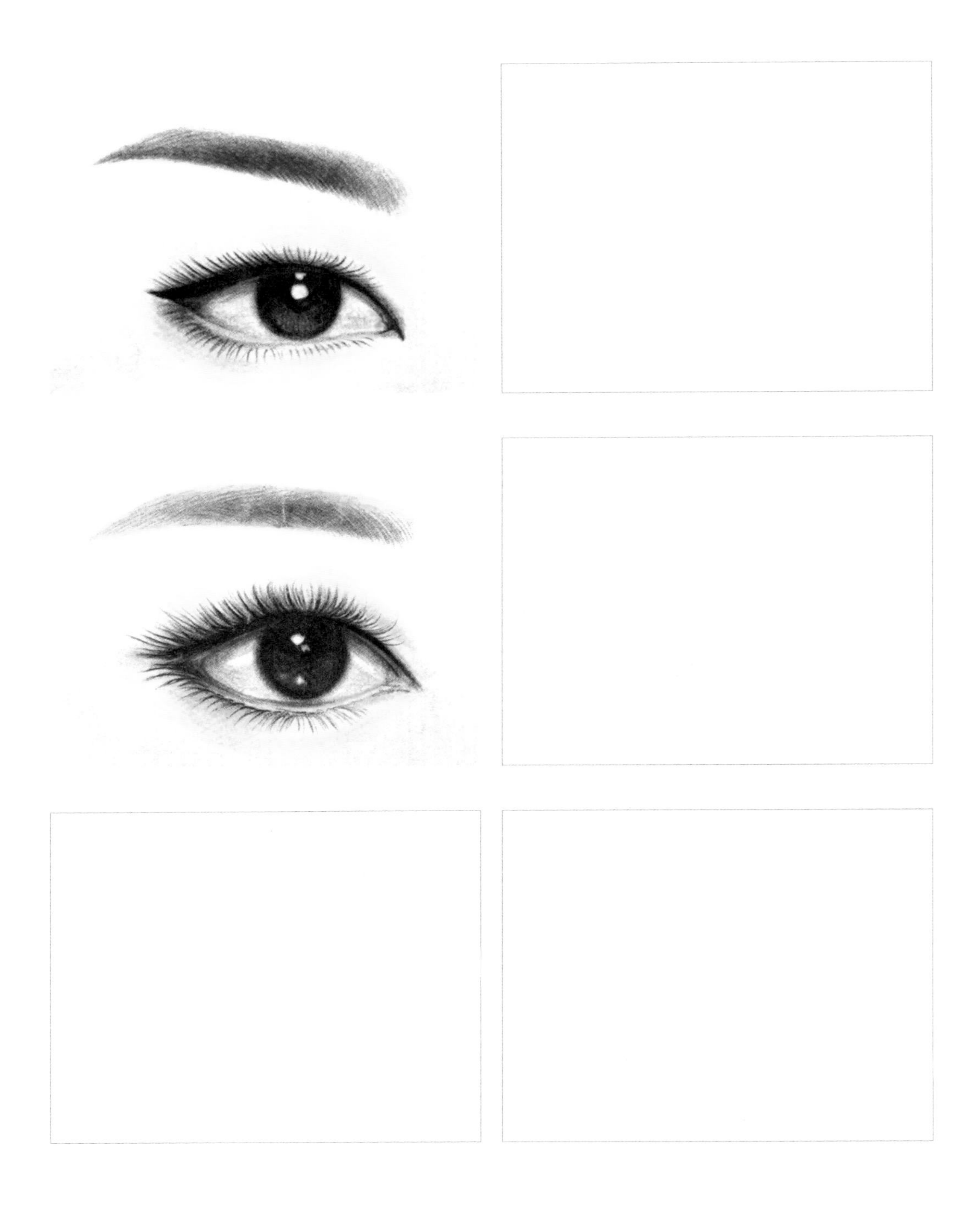

线条眉练习

基本线条穿插练习

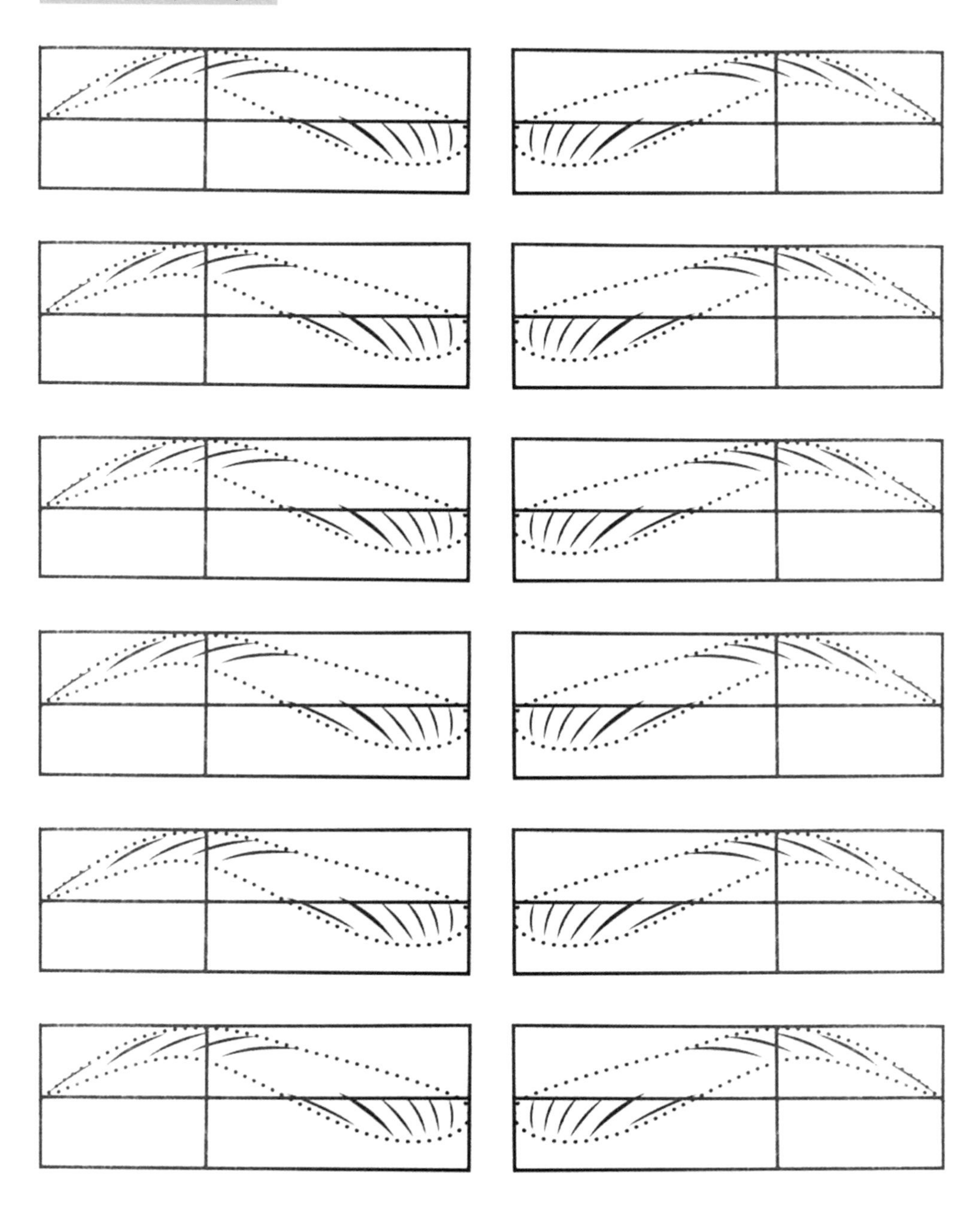

线条眉分解步骤练习

步骤1

步骤2

步骤3

步骤4

步骤5

步骤6

步骤7

步骤8

步骤9

完成

眼线练习

可在睫毛根部留白处进行眼线修饰。

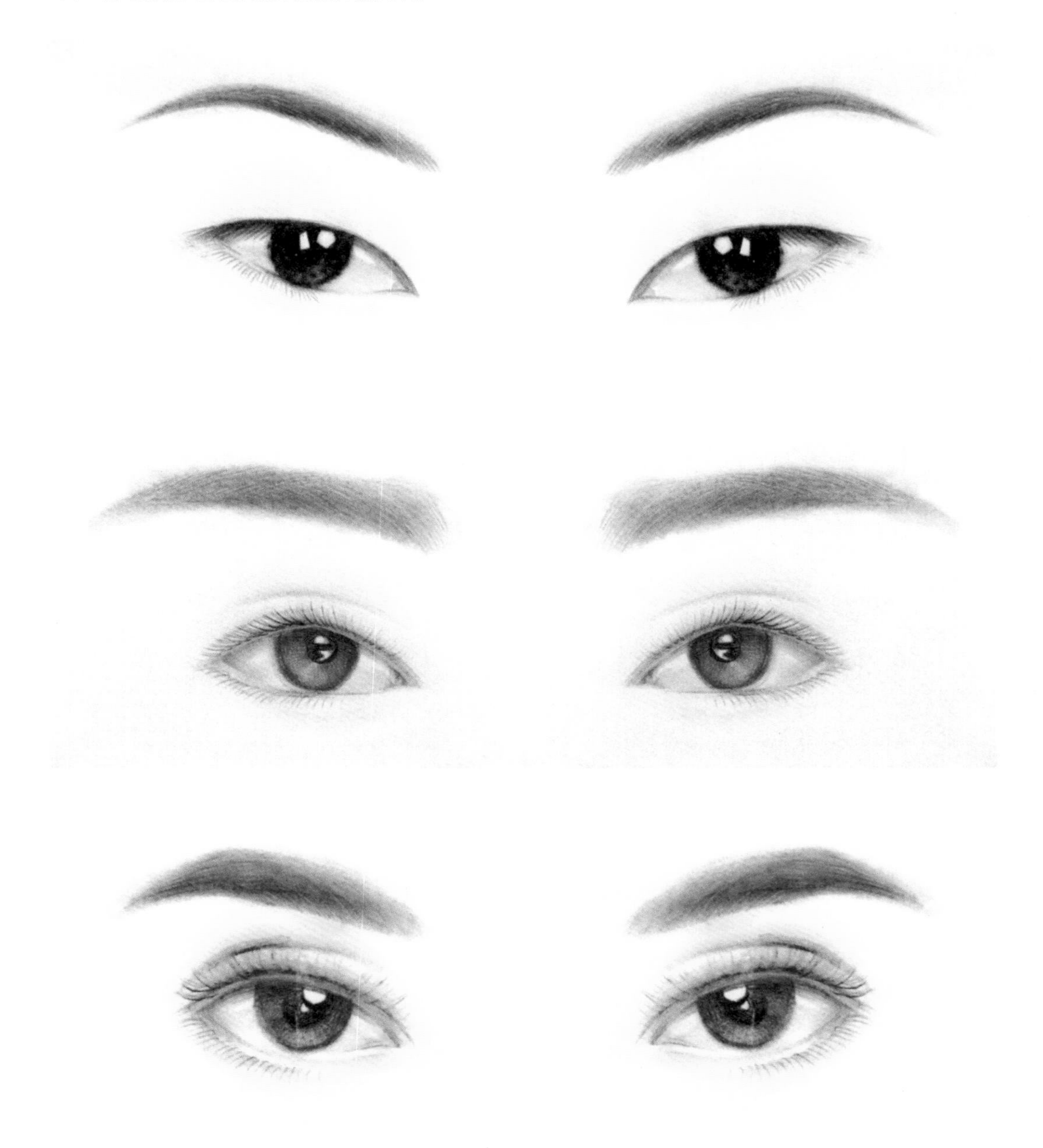

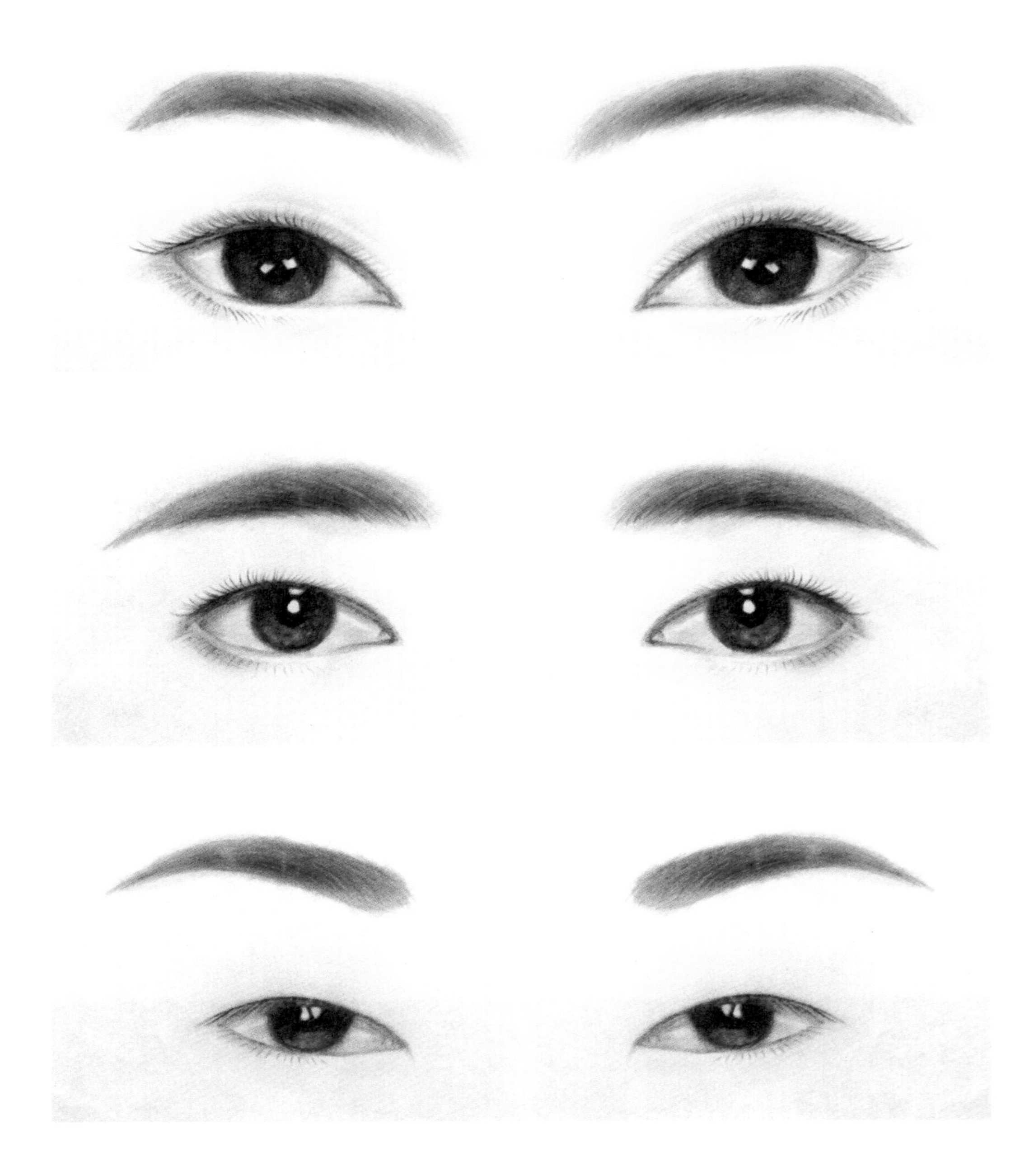

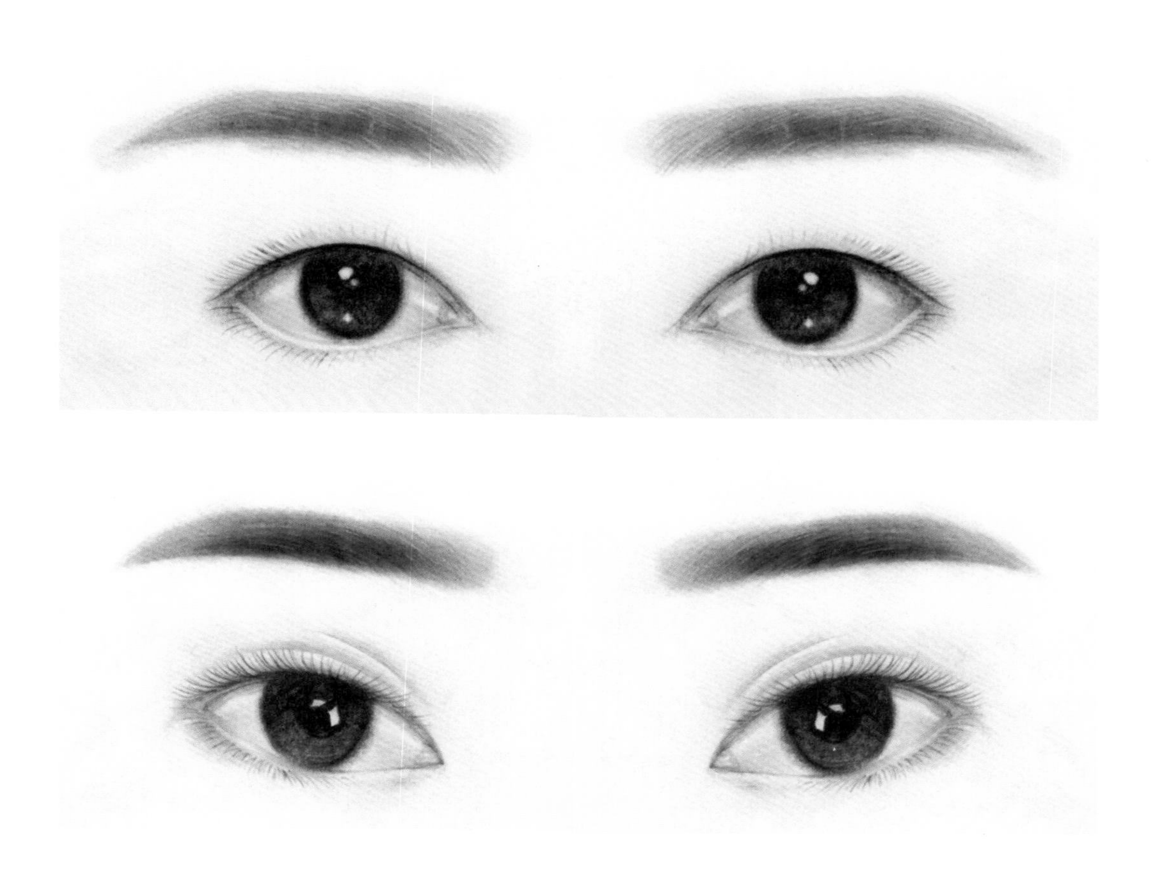

唇形设计与练习

1. 定基准线、基准点
2. 基准点连线
3. 画弧度（唇中处、唇角处）
4. 完成

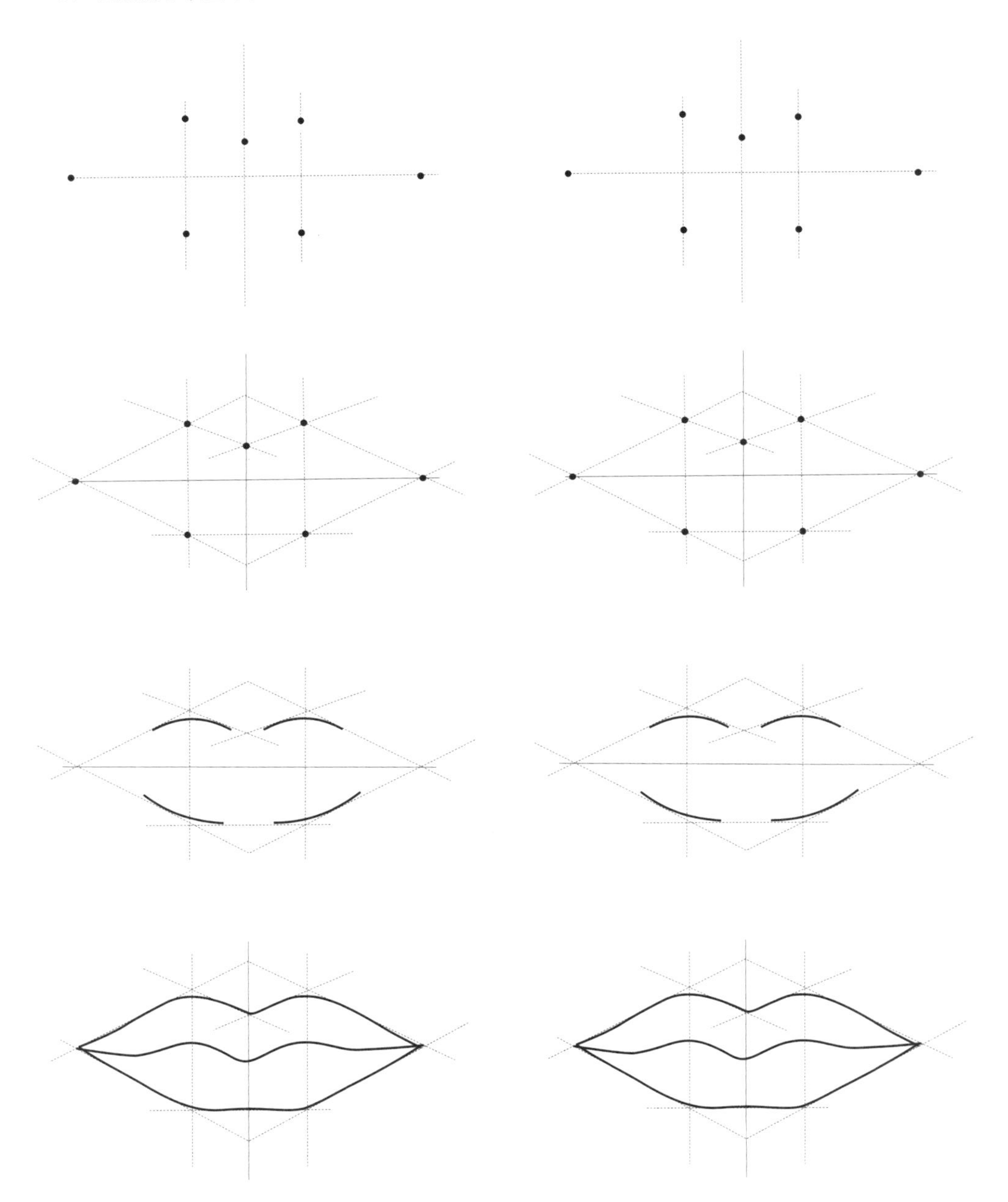

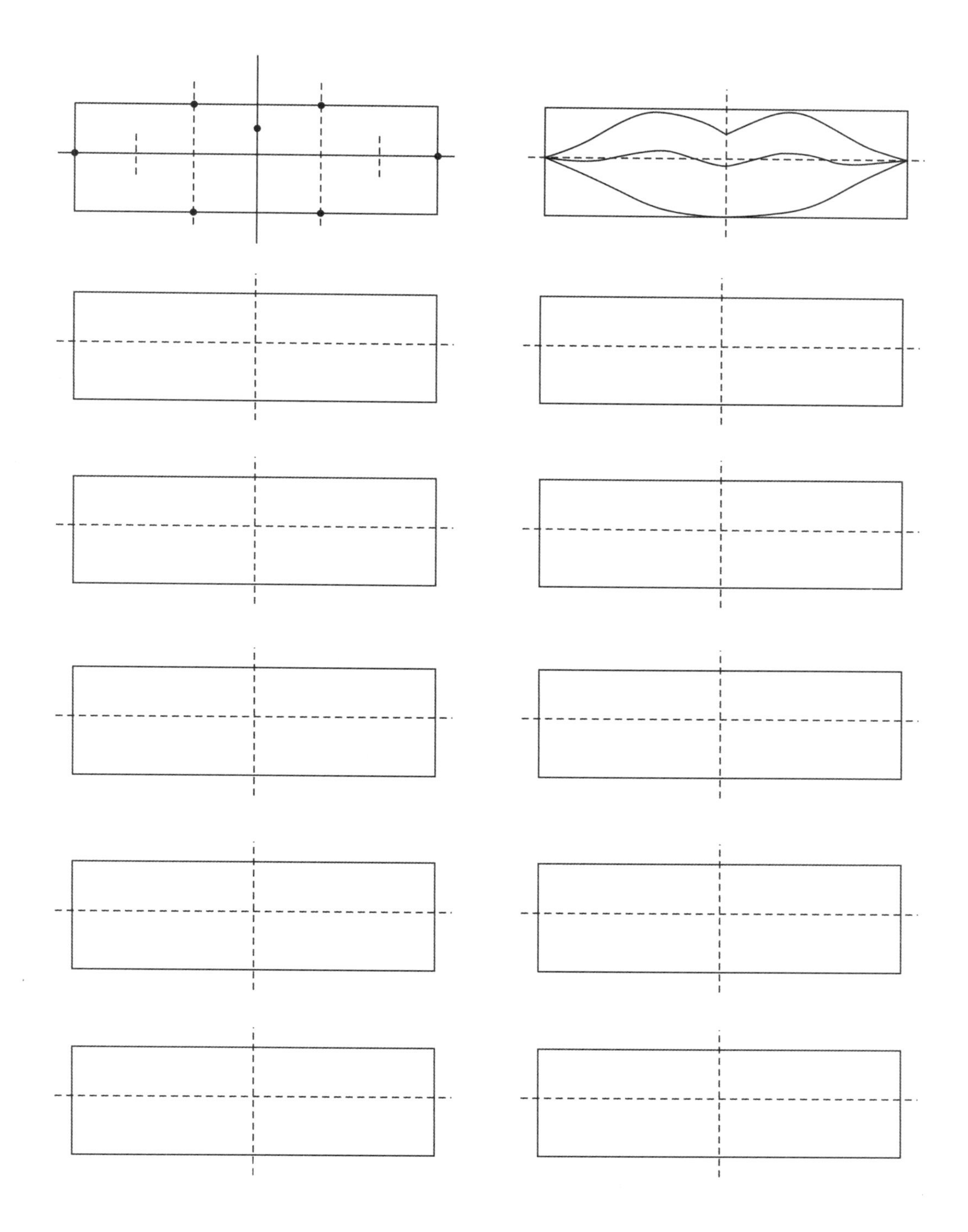

唇部上色练习

眉、眼、唇综合练习

持久定妆大师榜

CHIJIUDINGZHUANG DASHIBANG

刘利明 主编

中国美术学院古典油画研究生
意大利佩鲁贾美术学院研习生
中国形象设计大师
国家级高级技师
韩国 4D 文绣特讲 首席讲师

黄晓明

中国风·水雾眉创始人
文绣理念创新大师
墨非品牌创始人
中国美发美容协会持久美妆专业委员会副主任

肖军 JOGO

美妆素描创始人
世界文饰大会执行主席
中国美发美容协会文饰大赛评委培训教官、考官

朱兰英

中国美容大师
国家级高级技师
中韩文绣大赛评判长

张文英

持久美妆高级顾问
中国美发美容大师
国家级高级技师

尤思红

中国十大文绣名师
东方禅生命艺术导师
中国国际健康美容行业发展联合会常务理事

高莉

东方禅生命艺术导师
新加坡首席面容设计师
2015 香港国际太太殿军获得者

朱芳

世界文绣大赛执行主席
国际级明星御用眉眼唇专家
中国美发美容协会持久美妆专业委员会副主任

任兰姬

韩国半永久化妆协会高级讲师
韩国国际发型皮肤美容技能大赛文绣组评判长

徐卿

韩国半永久文绣委员会认证专家
国家级高级技师
韩国 IFBC 国际半永久文绣大赛评委

小 KAN

时尚造型综合美学专家
上海文饰专业委员会副主任
历任韩国、新加坡半永久美妆大赛评委

张曼

世界文绣大师学院副秘书长
国家级文刺指导教师
WPO 世界文绣艺术交流会中国区专家

杨韵

上海美容大师
上海文饰专业委员会主任
中国美容美发大赛、亚洲美容美发大赛指定裁判

刘芬

国家级美容大赛评判员
资深形象设计管理专家
国家级高级技师

孙林林

全国技术能手
亚洲形象设计·人体彩绘冠军获得者
上海国际美发美容邀请赛文绣裁判
国家级高级技师
高级形象设计师

陈蔚然

中国新一代化妆造型艺术家
米苏美学创始人
艺术美学轻文身创始人
国际文饰万人大赛专家评委
韩国 IFBC 国际半永久文绣大赛评委

王柳柳

高级形象设计师
S&R 韩式美妆学院院长
6D 浮雕眉创始人
日本 CCS 色彩研究所认证色彩师

辛丹华

北京大学创新营销 MBA
中国人像摄影学会杰出贡献人物
全国美业十大美妆杰出知名人物
国际化妆师·中国化妆名师
国家级高级技师

吴文琦

全国青年技术能手
全国五一巾帼标兵
国家级高级技师
2006 年中韩文绣大赛全能冠军

沈瑾轶

上海美容名师
上海技术能手
中国国际持久美妆大赛美容、文绣裁判员

陈佳

高级形象设计师
中国国际大赛持久美妆裁判员
韩国 IFBC 国际半永久文绣大赛评委
韩国半永久教育学院认证医学美容师
日本化妆技术鉴定协会认证高级化妆师

周游

晴月文绣培训教育总监
文绣技法创新大师
国家二级建造师
上海晴月文化传播有限公司董事长

赵允花

雾美人美妆学院院长
文绣行业新锐代表
中国美发美容协会持久美妆大赛裁判员

宓天依

宓天依国际美妆学院院长
手工柔绣黑睫术创始人
2014 年国际美妆艺术大赛评判长
2016 年中国持久美妆大赛监察员

路璐

持久化妆造型高级讲师
国家级高级技师
中国美发美容协会持久美妆大赛评判长
韩国 IFBC 国际半永久文绣大赛评委

汪凌

上海美容名师、大师
上海美容专业委员会副主任
上海文饰专业委员会主任

陈金兰

国家级高级技师
国际大赛裁判员

倪蔚红

国家级高级技师
国家美容裁判员
上海市美容培训名师

陈红梅

眉眼唇文饰大师
面部开运调整专家
国际开运相学文饰专家

感　谢

上海华安美丽馆

上海米苏美学

于子骏

杨清文

张　骄

赵梦薇

朱晶潇

持久美妆
师资资格证
姓　名：
照片
性　别：
照片
身份证号：
证书证号：
经协会组织专业资质培训、考核，予以核发此证
（即日起，一年审核，两年内有效）。
上海美发美容行业协会　会长
发证日期：2016 年 6 月 6 日
证书二维码
此证由上海美发美容行业协会负责考核，注册
注册编号：
查询网址：www.shmfmr.net
样本